一本搞定

Chat

謝孟諺 Mr.GoGo——著

GPT

前言

　　有人認為 AI 世代來臨，電影《魔鬼終結者》的劇情恐怕會上演，未來 AI 即將控制世界，因此擔心與害怕，不敢使用 AI，我都這麼回應他們：

　　我們設想兩種情境，第一個情境：有一個時空鏡，它告訴我們，50 年後的地球，AI 將控制世界，人類將淪為最低等級生物，每天過著暗無天日的生活。時空鏡說這是不可逆、一定會發生的結果。

　　請問知道這個未來的你，會怎麼過自己的人生？當然有些人會消極度日，不願意面對，但是積極的人會怎麼做？他們會想畢竟還有 50 年的時間，既然不可逆，當然開始擁抱 AI 帶來的便利，或許改變不了 AI 控制世界的結果，但至少享受了 50 年的便利。

再來看看第二情境：有一個時空鏡，它告訴我們，50 年後的地球，是美好的 AI 世界，將帶給我們無窮的便利，不怕疾病與戰爭，而且這是不可逆、一定會發生的結果。

請問知道這個未來的你，會怎麼過自己的人生？我相信不論消極或是積極的人，都會開始擁抱 AI 帶來的便利。

現實世界沒有時空鏡，但說 AI 世代來臨，《魔鬼終結者》的劇情即將上演，AI 將控制世界，因此擔心與害怕，排斥使用 AI 的人，不論未來是好是壞，他只有一個選項——淪為最低等的生物。因為不論世界是美好還是崩壞，別人一直在進步，自己躲在角落不肯出來，終將成為井底之蛙。

本書提倡擁抱 AI，2023 年是 AI 普及的元年，有很多 AI 功能已經簡單到點一點即可使用。本書將蒐羅眾多 AI 應用，並設計情境與教學，是一本休閒與增加工作效率必備的 AI 工具書。

本書不注重學術理論，而專注在可以幫助生活更好的 AI 應用，讓每一個人利用 AI 改善學業、職場、生活，GoGo 誠摯的推薦給大家。

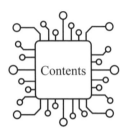

Contents

目錄

第二章：職場篇

第三章：自媒體篇

Chapter
0

【熱身篇】

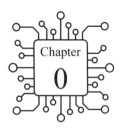

Chapter
0

單元 1

麻瓜也看得懂的人工智慧、機器學習、深度學習

　　人工智慧（Artificial Intelligence, AI）顧名思義是指由人造機器所表現出來的智慧，簡單來說是利用電腦模擬出人的思維模仿人類行為能力。早期人工智慧因為電腦效能的限制，無法用在現實生活解決問題，雖然一直聽到 AI 相關研究發展進步，但始終讓人覺得與自己無關。

　　直到 Google DeepMind 開發的人工智慧圍棋軟體 AlphaGo 擊敗世界棋王，AI 漸漸廣為人知，加上 AI 這個題目不斷被炒作，彷彿 AI 什麼都能做。因此當時 AlphaGo 的成功，許多人開始覺得 AI 好像離生活越來越近，當時網路上開始流傳電腦很快就會像電影《魔鬼終結者》（Terminator）一樣擁有超高智慧，控制世界並把人類滅絕；但在我看來，光是要電腦辨識各式各樣的杯子都很困難了，還要像電影一

樣懂思考並控制人類，還需要非常長的時間。電影還是娛樂就好，不要自己嚇自己。

　　接下來，我將用最淺顯的文字讓你搞懂人工智慧、機器學習、深度學習。

人工智慧、機器學習、深度學習歷程

　　人工智慧包含了機器學習，機器學習包含了深度學習，其中人工智慧出現得最早，看看下圖。

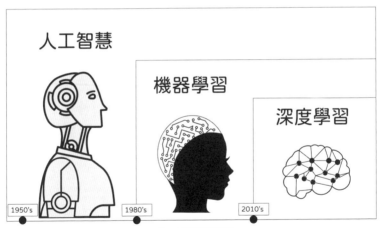

人工智慧歷程

　　從圖中可以看到，所謂人工智慧是一個很大的集合，機器學習只是其中的集合，而在幾年前很夯的深度學習，也只是機器學習的其中一個小集合。

人工智慧、機器學習、深度學習定義

維基百科是這麼說的：

人工智慧

人工智慧可以分為兩部分，即「人工」和「智慧」。「人工」即由人設計，為人創造、製造。關於什麼是「智慧」，較有爭議性。這涉及到其他諸如意識、自我、心靈，包括無意識的精神等問題，人唯一了解的智慧是人本身的智慧，這是普遍認同的觀點。但是我們對自身智慧的理解都非常有限，對構成人的智慧必要元素的了解也很少，所以就很難定義什麼是「人工」製造的「智慧」。因此人工智慧的研究往往涉及對人類智慧本身的研究。

機器學習

機器學習是人工智慧的一個分支。人工智慧的研究歷史有著一條從以「推理」為重點，到以「知識」為重點，再到以「學習」為重點的脈絡。顯然，機器學習是實現人工智慧的途徑之一，即以機器學習為手段，解決人工智慧中的部分問題。

深度學習

深度學習是人工智慧中的一種方法，可指導電腦以受人腦啟發的方式來處理資料。深度學習模型可識別圖片、文字、聲音和其他資料的複雜模式，藉此產生更準確的洞察和預測。可以使用深度學習方法將通常需要人類智慧的任務自動化，例如描述影像或將聲音檔案轉錄為文字。

簡單一點說：

人工智慧：計算機模仿人類思考進而模擬人類的能力／行為。

機器學習：從資料中學習的模型架構。

深度學習：利用多層的非線性學習資料表徵。

上面定義看不懂是很正常的，請不要在意。GoGo 再翻譯讓它更像白話：

人工智慧：就是模擬人腦要做的事。

機器學習與深度學習：處理資料分析的方法，讓電腦學習如何模擬人類思維。

機器學習與深度學習的差別

以下我會用如何判斷貓跟狗當例子，說明機器學習與深度學習的差別。

機器學習：

將所有貓跟狗的資料，包含什麼種類、品種，然後經由人類知識判斷，再從這種資料萃取一些特徵資料，比如貓或狗的形狀、身上的紋路、聲音分類等。萃取資料中的學習模型，然後用學習好的模型去判斷貓和狗。

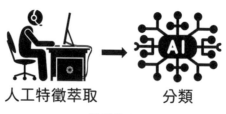

機器學習

深度學習：

　　不需要人類知識做特徵萃取，從大量的資料中讓多層結構的神經網路，從資料中自己學習這組資料可以做什麼樣的特徵擷取。所以貓跟狗的特徵是從你給的資料裡，讓模型自己去學習貓跟狗在特徵擷取上的差異。

特徵萃取+分類

深度學習

　　問你個問題，如果機器學習或深度學習模型訓練好了，接著將一張雞的照片放進去模型。你覺得機器學習或深度學習模型會判斷成什麼？請問 AI 會認為是雞嗎？

　　答案是：貓或狗。絕對不會是雞，因為模型在訓練的時候從來沒有給它雞的照片，也沒有跟模型說什麼是雞。所以機器學習或深度學習給的答案，是根據模型訓練者給的答案和類別來做反應的，如果從來沒跟模型說這是「雞」，那絕

對得不到「雞」這個答案。

　　看了以上的介紹，再回到擊敗棋王的 AlphaGo，你還會覺得它會變得像魔鬼終結者一樣懂思考並控制人類嗎？我相信目前絕對不會，如果給 AlphaGo 下棋以外的訊息，它沒當機的話，也只能回應棋譜吧。

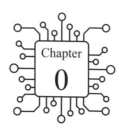

單元 2

ChatGPT：最貼近人的人工智慧？

　　AI 是指可模擬人類智慧執行任務的系統或機器，並且能夠根據蒐集的資訊來反覆改善自己。而 AI 的類型五花八門。例如：

　　AI 聊天機器人能更快速了解顧客的問題，並提供更有效的答案；

　　AI 運用從大規模自由文本資料組中分析關鍵資訊，改善排程計畫；

　　AI 推薦引擎可以根據使用者的觀看習慣自動推薦與使用者相關的資訊。

　　AI 的重點在於超級思維與數據分析的過程和能力，雖然人工智慧總讓人聯想控制世界，但人工智慧的出現並不是為了取代人類，AI 的目的是大幅提高人類的能力，並為世界做

出貢獻，因此 AI 是非常有價值的商業資產。

在 2022 年尾 OpenAI 發表了 ChatGPT 聊天機器人後，這個詞瞬間紅遍了全世界，不管是新聞上、社群媒體中，大家都在講 ChatGPT 要取代人類，讓很多人失業；但你可能還沒搞懂 ChatGPT 在做什麼、可以怎麼用。這本書就是希望用最白話的方式，用不帶任何技術詞彙的方式告訴你什麼是 ChatGPT，以及其他 AI 相關程式技術，以及它可以怎麼幫你改善生活。

ChatGPT 的原理究竟是什麼？它是全能的神嗎？接下來我就來分析 ChatGPT 的原理。

ChatGPT 的原理是什麼？

ChatGPT 基本上就是個聊天機器人，是由 OpenAI 基於自然語言處理技術，使用大規模的機器學習技術訓練而成。具體來說，OpenAI 使用了一種稱為「Transformer」的模型架構，這種模型能夠從大量文本數據中學習語言的結構、語法、詞彙等知識，進而生成自然流暢、有邏輯的回答。

為了訓練 ChatGPT，OpenAI 使用了龐大的文本數據集，包括網頁內容、書籍、新聞文章等。這些數據經過處理與清洗後，透過大量的運算資源和分布式訓練技術，讓 ChatGPT 從中學習到大量的知識，透過這種方式，ChatGPT 成為一個強大的自然語言處理模型，能夠完成語言理解、回答問題、生成對話等多種任務。

小辭典

Transformer：

　　是一種使用注意力機制（Attention mechanism）的深度學習模型，主要用於處理序列型數據，如自然語言中的詞語序列。該模型最初由 Google 團隊提出，並在機器翻譯、語言理解、生成對話等自然語言處理任務中取得了顯著的效果。

數據處理與清洗：

　　是指對原始數據進行預處理，以便於機器學習模型能夠更快地學習和理解數據。在 ChatGPT 訓練過程中，數據的處理和清洗是非常關鍵的一步。

　　以下是數據處理和清洗的一些常見步驟：

分詞（Tokenization）：

　　將文本轉換成一系列詞彙或符號，做為模型輸入。常見的分詞方法包括基於空格、標點符號、字母等分詞方式。

去除停用詞（Stop words removal）：

　　去除一些常見的、無意義的詞彙，如「的、了、是」等，以減少模型對這些詞彙的學習。

詞幹提取（Stemming）或詞形還原（Lemmatization）：

　　將詞彙轉換成其基本形式，以減少模型需要學習的詞彙量。

數據清理：

　　去除無意義的字符或標記，如 HTML 標籤、特殊符號等。

數據標注：

　　對文本進行標記，如詞性標注、命名實體識別等。

GPT 的語言生成模型

　　I'm hungry.餵給 GPT 模型時，會是這麼給的肚（子、皮、圍……）下個字會知道前一個字，意思就是結合歷史訊息生成文字，就像是文字接龍般，產生肚子或肚皮……。但光靠學習文字接龍，GPT 仍不知道該如何給出有用的回答，因此需要靠人類給出 GPT 一些問題，並藉人工寫出答案，接著再把資料一併丟給 GPT。藉此引導 GPT 去看類似人工問題的文句，而非只吸收無法成為有用輸出的資訊。

GPT 模仿人類喜好

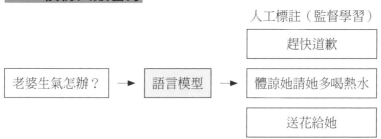

　　為了進一步讓 GPT 了解哪些文句為好答案，此時須藉助「語言模型」，此模型能以人類的評分標準，來為 GPT 給出的答案評分，幫助 GPT 模仿人類的偏好。

　　舉例來說，如果老婆生氣怎麼辦？這時我們人工標註給

出人類的喜好，例如趕快道歉、送花給她……這樣當問題出來時，語言模型會知道要跟什麼訊息靠近，這也是為什麼 ChatGPT 會受歡迎的原因之一，因為它給的答案是模仿人類喜好。而在人工智慧技術裡，如果想要 ChatGPT 更精準地回答，還可以使用強化學習的技術（人工給分），但目前 ChatGPT 並沒有使用強化學習訓練。

以下是我問 ChatGPT 的回答

我問：ChatGPT 有強化學習訓練嗎？

ChatGPT 答：

ChatGPT 模型本身並沒有使用強化學習技術進行訓練。ChatGPT 模型是一種基於自監督學習的語言模型，它透過大量的文本資料來自我學習和訓練，預測給定上下文下的下一個詞語。

然而，在一些場景中，如與人類進行對話的過程中，ChatGPT 可以視為是一個智慧體，可以接受人類的輸入並生成相應的回覆。在這種情況下，強化學習技術可以被應用於優化 ChatGPT 的回覆，使其能夠更準確地與人類進行交互。

例如，可以將 ChatGPT 視為一個對話代理，它的任務是根據人類使用者的輸入來生成回覆，並在每個時間步上獲得獎勵信號，表示它的回覆是否滿足了用戶的需求。使用強化學習技術，可以優化 ChatGPT，使其在與用戶交互的過程中能夠生成更自然、流暢和滿足用戶需求的回覆。

值得注意的是，ChatGPT 無法每次都給出正確答案，ChatGPT 是善於模仿人類語言，能讓答案聽起來準確，未必代表 ChatGPT 對真實世界有所理解，所以每個使用 AI 技術的人，都有檢查的責任，這也是對道德與科技進步的尊重。就像你是一位大廚，聘請一位二廚（ChatGPT），大廚有責任監督二廚產出的成果，總不能讓二廚隨意出餐，這樣還要大廚做什麼？

所以 ChatGPT 是全能的神嗎？不是的，但它是個輔助我們工作或生活的好幫手、好工具。這麼好的東西，當然要擁抱它，盡其所能地使用它囉！

對於本書學習上有疑問或是想了解第一手 AI 資訊的夥伴，歡迎加入本書的 Line 官方帳號（Line ID：@479rctds，或掃描上方 QR Code），跟 GoGo 一起線上見囉。

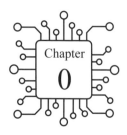

Chapter
0

單元 3

ChatGPT 功能全面解析

使用工具：ChatGPT

網址：https://chat.openai.com/auth/login

ChatGPT AI 聊天機械人是由特斯拉執行長（Elon Musk）創立的人工智慧研究組織 OpenAI 研發，在正式推出之後大受歡迎，推出兩個月活躍用戶就突破 1 億人。

ChatGPT 是一款免費的線上程式，只要在官網免費註冊，並輸入具體問題就可與 AI 進行對話，AI 機器人只要根據使用者輸入的文字，就能給出相對應的答案。不過偶爾也會出現不精準的回答，但能透過輸入簡單的指令，就得到一段完整且有意義的文字回覆，實屬科技的一大創舉。

ChatGPT 官網

單元3：ChatGPT 功能全面解析

　　而在 ChatGPT 暴紅後，OpenAI 更乘勝追擊推行月費會員服務，程式名為「ChatGPT Plus」，亦得到熱烈回響，成為熱門討論話題。但到底什麼是 ChatGPT？以下將介紹 ChatGPT 與註冊使用教學，並解析 ChatGPT 的功能。

ChatGPT 是什麼？

　　ChatGPT 是一個語言生成模型，它擁有理解及回答人類語言的能力，原理是透過「自然語言處理」（NLP）和「自然語言生成」（NLG）技術進行人機交互，從而生成對應的語言回答。

　　ChatGPT 就像人類一樣，可以進行日常對答，不僅能回答問題，更會承認錯誤並質疑不正確的前提，拒絕不合理的要求，與它對話根本與一個有血有肉的真人對談無異。

小辭典

自然語言處理（NLP）

　　一種機器學習技術，讓電腦能夠解譯及理解人類語言。現今許多組織擁有來自各種通訊管道的大量語音和文字資料，如電子郵件、簡訊、社交媒體新聞摘要、影片、音訊等。他們使用 NLP 軟體來自動處理此資料，分析訊息中的意圖或情緒，並即時回應人類通訊。

自然語言生成（NLG）

　　是自然語言處理的一部分，從知識庫或邏輯形式等機器表述系統生成自然語言。這種形式表述當作心理表述的模型時，心理語言學家會選用語言產出這個術語。自然語言生成系統可以說是一種將資料轉換成自然語言表述的翻譯器。

（資料來源：維基百科）

ChatGPT 的使用教學

Step1：註冊（Sign up）

　　進入 OpenAI 官網後選擇「Sign up」，接著輸入信箱、密碼、手機等資訊，再到信箱中收驗證信，也可以直接用 Google、Microsoft 帳號快速註冊，註冊後在回到頁面上按下「Log in」就可登入。

ChatGPT 登入註冊頁面

用 *Google* 或微軟帳號快速登入

Step2：驗證資料

輸入姓名、驗證手機，用手機收取簡訊驗證碼驗證，即完成 ChatGPT 註冊。

Step3：在對話框中輸入內容

ChatGDP 操作介面

　　輸入內容後即可開始與 ChatGPT 對話，也可以要求它使用中文回答你的問題，雖然可以像與朋友一樣的問答，但是GoGo 建議以命令式或具體的問法，才會得到比較正確的答案，以下舉例如何要求 ChatGPT 撰寫 Email，甚至情書（把撰寫的目的、對象清楚交代）。

我想要寫一封請老闆給我加薪以及年終多一點的信

親愛的老闆，

感謝您一直以來對我的支持和信任。我深知公司的發展離不開每一位員工的努力和貢獻，因此我也一直在盡我所能地為公司做出更多的貢獻。

我相信您也能看到我在過去一年裡的努力和成績，我不斷地學習和成長，並且不斷地挑戰自己，以更好地完成工作。然而，由於生活成本的增加和市場環境的變化，我開始感到自己的薪資和福利已經不能滿足現在的需要。

因此，我想在這裡請求您的幫助。我希望能夠獲得一定的薪資調整，以及在年終獎金方面給予更多的考慮。這對我來說不僅僅是一個金錢上的幫助，更是一個對我工作價值和貢獻的肯定和鼓勵。

我相信您會理解我的困境和需要，並且考慮我的請求。我會繼續為公司做出更多的努力和貢獻，並且一如既往地忠實，勤奮地履行我的職責。

再次感謝您對我的支持和信任。

此致

敬禮

XXX

範例：我想寫一封信給老闆，要求加薪與增加年終獎金

輸入後，很快就能完成一封與老闆對話的信，不管寫得讓你滿不滿意，但是基本架構已照你的規則完成，接下來就靠自己加強。就像蓋一間房子，基本裝潢已完成，可以入住，但你增加一些家具，整個家又將有不一樣的風格。所以基礎就讓 ChatGPT 製作，你只要專注如何優化即可。

Chapter
1

學業篇

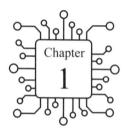

Chapter
1

單元 1
用 ChatGPT 寫一篇讀書心得

使用工具：
ChatGPT、Word

為什麼要學：

在我的觀念裡，快速完成是工作一個很重要的指標，所以如果有工具可以幫助我快速完成，我一定立馬使用它。但是我知道你在猶豫什麼？在我的 YouTube 頻道「無遠弗屆教學教室」裡，常有人留言「利用 AI 寫報告會讓人智商下降」，但真的是這樣嗎？以下用我用各時代寫報告的方式來比較並說明。

手寫報告時代

　　請問沒有電腦的時代，寫報告要怎麼找資料呢？當然是圖書館翻書，然後抄寫下來成為一篇報告：你的動作是：1.找書；2.寫下資料。請問書裡面內容的真偽你能知道嗎？你能做的只有多找幾本書相互比較查證。

搜尋引擎時代

　　再請問身處在電腦時代的你，報告是怎麼做的呢？1.先從搜尋引擎 Yahoo 或 Google 搜尋資料；2.複製貼上文書軟體。請問資料的真偽你能知道嗎？你能做的就是拿書與網路上資料交叉比對，判斷真偽。請問你的智商有比手寫報告時代低嗎？

人工智慧時代

　　請問身處在這個時代的你，要怎麼做報告呢？1.打開人工智慧軟體，請它給找資料與撰寫的想法；2.複製貼上文書軟體。資料真偽要如何判讀？可以翻書，還有搜尋引擎在網路上交叉比對，亦可以請人工智慧再從維基百科等知識網站再次比對。工具變多，正確性更高，況且這些工具即將普及，這個時代的人怎麼會智商下降呢？

　　所以不論身處在哪個時代，都沒有智商下降的人，人類都是越來越優秀，只有不肯思考與學習的人，意思就是劣幣將被驅逐，有心的人將會崛起。本書倡導的是超越不是模仿，人工智慧時代將是人人有機會的時代。

用 ChatGPT 寫一篇關於 Steve Jobs 的報告

首先這是報告，不是寫一篇前蘋果公司執行長賈伯斯（Steve Jobs）的自傳，所以要挑出一個觀點來當主題，我會這麼使用 ChatGPT：

Step1：我問：針對 Steve Jobs 寫一篇文章，給我 5 個想法。

ChatGPT 答：

Steve Jobs 是一位具有傳奇色彩的創業家和領袖，他領導蘋果公司從一家小型電腦公司發展成為全球知名的科技巨頭。以下是五個可以寫作文章的想法：

1. Steve Jobs 的領導風格：探討 Steve Jobs 的領導風格，以及他如何透過獨特的方法來啟發他的團隊，讓他們為實現蘋果公司的願景而全力以赴。

2. Steve Jobs 的產品創新：探討 Steve Jobs 如何將創新應用於產品設計中，以創造一系列獨特、引人入勝且功能強大的產品，如 iPod、iPhone 和 iPad 等。

3. Steve Jobs 對科技行業的影響：探討 Steve Jobs 如何透過蘋果公司的產品和策略，對現代科技產業產生了巨大的影響，並引領了行業的發展方向。

4. Steve Jobs 的成功祕訣：探討 Steve Jobs 如何通過堅定的決心、獨特的洞察力和無限的創意，實現了在商業和創新領域的成功。

5. Steve Jobs 的失敗和教訓：探討 Steve Jobs 在商業和創新領域所犯的錯誤和失敗，以及從這些錯誤中獲得的教訓和啟示，以幫助其他企業家和創新者避免類似的問題。

Step2：我問：請為上述第二點寫一篇帶標題的論文大綱。

ChatGPT 答：

當我們想到 Steve Jobs 時，他的產品創新可能是最令人印象深刻的。iPod、iPhone、iPad 等產品，塑造了現代科技行業的樣貌。本論文將探討 Steve Jobs 如何透過創新的產品設計，讓蘋果公司成為全球知名的科技巨頭。具體而言，本論文將關注以下主題：

I. Steve Jobs 的產品創新

A. 設計理念：探討 Steve Jobs 如何運用簡潔、易用和美學的設計理念，創造出獨特、引人入勝且功能強大的產品。

B. 產品創新：探討 Steve Jobs 如何透過對市場需求的敏銳洞察力和對技術的深入瞭解，將創新應用於產品設計中，創造出 iPod、iPhone 和 iPad 等具有革命性的產品。

C. 產品開發流程：探討 Steve Jobs 如何將產品開發流程簡化，讓團隊成員能夠更快速地將產品推向市場，並確保產品品質。

II. Steve Jobs 的產品影響

A. 產品市場的影響：探討 Steve Jobs 的產品如何通過不斷的創新和升級，成為科技產業的一個重要組成部分，並改變了人們使用科技產品的方式。

B. 產品對蘋果公司的影響：探討 Steve Jobs 的產品如何幫助蘋果公司實現商業成功，成為全球最具價值的品牌之一。

III. 結論

本論文將通過對 Steve Jobs 的產品創新的探討，展現他的設計理念、創新和領導能力，並透過這些方面的分析，探討他如何對現代科技產業產生深遠的影響。

Step3：我問：將上述每一點寫一個段落，解釋具體內容。

ChatGPT 答：

I. Steve Jobs 的產品創新

　　Steve Jobs 被認為是現代科技產業最傑出的設計師之一，他的產品創新是他獨特的設計理念和對市場需求的敏銳洞察力的結合。在設計方面，Jobs 崇尚簡潔、易用和美學，他相信一個產品的設計應該是功能強大、外觀美觀，且讓人易於使用。因此，他注重細節，將這些理念貫徹到產品設計的每一個方面，從產品的外觀到用戶介面的設計。在產品創新方面，Jobs 不斷地將創新應用於產品開發中，將科技和人性化設計融合在一起，創造出 iPod、iPhone 和 iPad 等具有革命性的產品。他的敏銳洞察力使他能夠洞悉市場趨勢，瞭解消費者的需求，並將這些需求轉化為產品功能和設計的革新。

II. Steve Jobs 的產品影響

　　Steve Jobs 的產品不僅改變了人們使用科技產品的方式，還幫助蘋果公司實現商業成功，成為全球最具價值的品牌之一。在產品市場方面，iPod、iPhone 和 iPad 等產品對科技產業產生了深遠的影響。這些產品不僅開創了新市場，還迅速成為行業標竿，使其他科技公司也開始跟進和模仿。在蘋果公司方面，這些產品幫助該公司在商業上獲得了極大的成功。蘋果公司的市值在這些產品推出後大幅提高，成為全球市值最高的公司之一。這些產品也為蘋果公司的整體策略和品牌形象打下了基礎。

III. 結論

　　Steve Jobs 的產品創新對現代科技產業產生了深遠的影響。他的設計理念、創新和領導能力使他能夠創造出獨特且

具有革命性的產品。他的產品改變了人們使用科技產品的方式，同時幫助蘋果公司實現商業成功，成為全球最具價值的品牌之一。

接著將每一段內容，複製到你的文書處理軟體裡，再自行排版一下即可完成，如果只是交一個簡單的作業，寫到這裡其實也完成了。雖然這文章看起來好像有模有樣，但是沒有真正報告或論文裡該有的獨特觀點，懂的人都看得出這是沒有靈魂的內容，不過絕對可以省下許多製作內容的時間，省下的時間就可花在將報告注入靈魂上面了。

GoGo 問 ChatGPT 的公式分享

1. 針對「你的主題」寫一篇文章，給我 5 個想法。
2. 請為上述「想要的想法」寫一篇帶標題的論文大綱。
3. 將上述每一點，寫一個段落，並且解釋具體內容。

看了我的公式，你可能會試出更好的公式，那就不要模仿我，試著超越我吧。

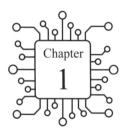

Chapter
1

單元 2

用 ChatGPT 製作 Powerpoint 投影片

使用工具：
ChatGPT、簡報類型軟體

為什麼要學：

　　簡報與報告是截然不同的，但我看過好多簡報都是在找到資料後，直接貼到投影片上，這是非常糟糕的做法，但我也能理解為什麼會這麼做，因為資料都是搜尋來的，網頁上幾乎是文字，所以也只能複製貼上。但有了 ChatGPT 就不用這麼麻煩了，就讓 GoGo 來教你，如何使用 ChatGPT 快速創建你專業的投影片吧。

使用 ChatGPT 寫一篇關於乾隆皇的 PPT 簡報

Step1：我問：我是一個學生，要製作一份關於清朝乾隆皇帝的 PPT，PPT 需要以下內容：**1.** 簡報前開場白、**2.** 乾隆的生平、**3.** 乾隆的趣事、**4.** 乾隆的歷史貢獻。

ChatGPT 答：

1. 簡報前開場白：大家好，我今天的報告主題是關於清朝乾隆的歷史。乾隆是清朝最長壽的皇帝之一，他在位期間，國家繁榮昌盛，也有很多有趣的故事和重要的歷史貢獻。希望我的報告能夠為大家帶來有趣的知識和啟發。

2. 乾隆的生平：乾隆皇帝（1711～1799 年），是清朝的第四位皇帝，他在位達 60 年之久，是清朝歷史上在位時間最長的皇帝之一。他在位期間，國家政治穩定，社會經濟繁榮，對於科學技術、文化藝術和外交交往都有很多的成就和貢獻。

3. 乾隆的趣事：乾隆皇帝不僅有著卓越的政治成就，還有許多有趣的趣聞軼事，例如他熱愛書法、收藏、遊獵和吃喝等。其中，他的收藏品特別有名，他曾經收集了許多珍貴的藝術品和文物，其中包括了很多珍稀的瓷器、繪畫、銅器、玉器等。

4. 乾隆的歷史貢獻：乾隆皇帝的歷史貢獻非常多，他推行了許多有益於國家發展的政策和措施，例如打擊腐敗、節約開支、發展經濟等。他還積極推動科學技術的發展和文化藝術的繁榮，支持書院和考試制度，也提倡學習西方文化和科技。此外，他還積極參與外交交往，擴大中國的國際影響力，並且在他的治理下，中國的版圖也不斷擴大。

Step2:我問:我要上述 **4** 點的大綱。

ChatGPT 答:
1. 簡報前開場白:
- 介紹報告主題和乾隆皇帝的基本背景
- 引入報告,激發觀眾的興趣和期待

2. 乾隆的生平:
- 乾隆的早期經歷和即位經過
- 乾隆的治理理念和政策
- 乾隆的對外政策和外交成就
- 乾隆晚年的生活和退位禪讓

3. 乾隆的趣事:
- 乾隆的書法藝術和收藏愛好
- 乾隆的遊獵和體育運動
- 乾隆的飲食文化和飲食趣聞
- 乾隆的其他趣事和軼事

4. 乾隆的歷史貢獻:
- 乾隆的政治治理成就和改革措施
- 乾隆的文化藝術和科學技術支持和推動
- 乾隆的外交交往和對國際關係的影響
- 乾隆的版圖擴張和對中國歷史的影響

　　我建議第一個步驟是先做出簡報內容,所以我會先詢問內容,因為內容是簡報時要講出來的話。如果滿意再進行大綱,這跟報告或論文不同,因為簡報最重要的是上台報告。以下是 GoGo 的詢問公式

GoGo 問 ChatGPT 的公式分享

第一個問題須包含以下內容：

1. 提示身分（例如：我是一個學生）。
2. 目標是什麼（例如：我要製作 PPT）。
3. 背景是什麼（例如：清朝乾隆的歷史）。
4. 需要包含的東西（例如：第一張投影片標題、第二張投影片標題）。
5. 請幫我寫出 PPT 每個 slide 的內容結構（例如：給我內容）。

單元 3

讓 ChatGPT 當你的免費 Excel 老師

使用工具：
ChatGPT、Excel

為什麼要學：

　　在學校裡，如果你不是財務或會計相關學系，你不一定會學到 Excel，因為 Excel 不像 Word 一樣常用，但是老師或教授都會建議你一定要學會這項技能，因為「幾乎所有職位都需要用到 Excel，學會正確使用它，工作效率可以用倍數來計算。」（企業內部訓練講師、Microsoft MVP 微軟全球最有價值專家王作桓，一句話說明了學 Excel 的好處。）

　　所以即使學校沒教，你也應該要學會，但是要怎麼學呢？GoGo 也當過好幾家電腦補習班講師，知道學 Excel 的補習費很貴，這個單元就是要教你如何利用 ChatGPT 當你的免費 Excel 老師。

如何讓 ChatGPT 幫你解答 Excel 問題

以下示範如何問 ChatGPT 問題。

Step1： 我問：請問你會 Excel 嗎？

一定要先問 ChatGPT 是否會操作 Excel，因為這樣接下來比較不會離題，它會環繞在 Excel 回答。

ChatGPT 答：

是的，我熟悉 Excel。Excel 是一個非常常用的試算表軟體，它可以用來處理數據、進行數學計算、製作圖表、建立數據模型等。如果你需要任何關於 Excel 的協助，請隨時告訴我。

Step2：我問：我要如何將欄位跨欄置中？

ChatGPT 答：

若你希望將欄位中的內容跨欄至中，可以依照以下步驟進行：

選取你要跨欄的欄位。

1. 點選首頁標籤中的「合併與儲存格」按鈕。
2. 在下拉選單中，選擇「合併欄位」。
3. 現在，你所選取的欄位中的內容就會自動跨越至中間的欄位。

需要注意的是，當你將欄位合併之後，原本的欄位就會被刪除，取而代之的是一個新的跨欄的欄位。此外，如果你將多個欄位合併，那麼合併後的欄位中的內容將占據多個原本的欄位。

Step3：我問：如果我要改欄位的格式，例如改成每千位一個，這樣要怎麼做？

ChatGPT 答：

若你希望將 Excel 中的欄位格式更改為每千位一個，可以依照以下步驟進行：

1. 選取你要更改格式的欄位。
2. 點選首頁標籤中的「數字」群組。
3. 在數字群組中，點選「數值」下拉式選單中的小箭頭。
4. 在下拉選單中，選擇「自訂」。
5. 在「自訂數字格式」對話方塊中，輸入「#，##0」（不含引號）。
6. 點選「確定」。

現在，你所選取的欄位中的數字將以每千位一個的格式顯示。

需要注意的是，此時欄位中的數字並未實際更改，僅是顯示格式更改。如果你需要將數字實際更改為每千位一個，可以使用 Excel 中的「數學公式」來進行。例如，你可以使用「ROUND」函數來將數字四捨五入至最接近的千位數。

Step3：我問：可以幫我寫一份行事曆嗎？

ChatGPT 答：

當然可以！在 Excel 中，你可以輕鬆創建自己的行事曆。下面是一些步驟和提示，可幫助你創建一份簡單的行事曆：

1. 打開 Excel，選擇一個新的工作表。
2. 在第一行上，輸入每個月份的名稱。例如，你可以在 A1 單元格中輸入"January"，在 B1 單元格中輸入 "February"，以此類推，直到你完成了 12 個月份。
3. 在第一列中，輸入每個日期。例如，你可以在 A2 單元格中輸入"1"，在 A3 單元格中輸入"2"，以此類推，直到你完成了整個月份的日期。
4. 接下來，你可以將特殊日期（例如節假日）以不同的顏色進行標記。選擇特定的日期單元格，然後單擊右鍵，選擇"格式單元格"，然後選擇"填充"選項卡。在這裡，你可以選擇不同的填充顏色或圖案，以標識該日期。
5. 你還可以使用 Excel 的條件格式化功能來自動標記特定日期。選擇你要標識的日期範圍，然後單擊「條件格式化」。在下拉菜單中，你可以選擇不同的條件格式，例如「日期在範圍內」、「日期等於」等。
6. 最後，你可以為每個月份添加一些注釋，例如節日或特殊事件。在每個月份的單元格中，添加相關的注釋，並使用插入圖片或插入超鏈接的功能添加相關的圖片或網頁鏈接。

這是一份簡單的行事曆，你可以通過自己的創意和 Excel 技能將其自定義，以滿足你自己的需要。

以上的教學是 Excel 入門，遇到一些簡單的 Excel 問題，ChatGPT 可以立即幫你解決，可說是一位初級的 Excel 老師。但在職場上使用的 Excel 功能，還有許多函數與 VBA 運用，GoGo 將在職場篇教學進階用法。

Chapter
1

單元 **4**
用 **AI** 練習英文口說與聽力

使用工具：
ChatGPT、Chrome、Voice Control for ChatGPT

為什麼要學：

　　大家都知道英文很重要，既是國際語言也是求學就業、升遷加薪的跳板。長期以來，台灣的學校教育偏重讀寫，極少有運用聽力、口說的機會，許多人學了一「紙」好英文，遇到外國人卻開不了口。

　　要學好口說與聽力，除了花大錢上補習班，還有什麼做法可以免費實現這個夢想呢？這一單元將教學使用基於英語架構下的 ChatGPT 與 Voice Control for ChatGPT 這兩個 AI 程式，來幫助你提升英語口說與聽力。這個單元也很適合害怕與外國人講話的人，不好意思跟真人練習，那就讓 AI 聊天機器人 ChatGPT 來跟你

練習，它會不厭其煩地跟你聊天。

安裝 Voice Control for ChatGPT Chrome 擴充元件

Step1 打開 Chrome 瀏覽器，點擊下方網址或是掃描 QRcode。

元件網址：https://reurl.cc/gZ7aq7

Voice Control for ChatGPT 擴充元件 QR Code 見本頁上方。

Step2：進入 Chrome 應用程式商店，看到 Voice Control for ChatGPT 擴充元件網頁，按下「加到 Chrome」的按鈕將開始安裝，安裝完畢後按下新增擴充功能，即安裝完成。

Voice Control for ChatGPT 擴充元件安裝畫面

按新增擴充功能

Step3：回到 ChatGPT 網站，你會發現多了圖示裡的功能，如果安裝擴充元件後，還沒看見，請先重新整理一下頁面，就會出現。

用 ChatGPT 練習口說與聽力

Step1：按下麥克風按鈕，開始說英文，例如：**Please tell me what is your favorite book?**

Step2：ChatGPT 除了文字，還會以語音的方式回答。

please tell me what is your favorite book ◀── (辨識您的話)

As an artificial intelligence language model, I don't have personal preferences or emotions, including favorite books. However, there are many books that are widely acclaimed by readers and critics alike, including classics like "To Kill a Mockingbird" by Harper Lee, "1984" by George Orwell, and "The Great Gatsby" by F. Scott Fitzgerald, as well as more contemporary works like "The Hunger Games" by Suzanne Collins, "Harry Potter" series by J.K. Rowling, and "The Girl with the Dragon Tattoo" by Stieg Larsson. The choice of a favorite book really depends on individual taste and interests.

(ChatGPT 將會用語音回答文字)

ChatGPT 用語音回答

接著可以繼續與 ChatGPT 一來一回問答，這樣你就擁有一位免費且有耐心的口說與聽力練習機器人了。

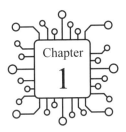

單元 5
ChatGPT 協助老師完成教案與考卷

使用工具：
ChatGPT

為什麼要學：
　　一位老師要完成教案，需要消耗不少腦力，況且通常需要同時完成多個教案，往往讓老師傷透腦筋，這時就該請出 ChatGPT 幫忙，絕對讓你事半功倍，愛上 ChatGPT 這位助手。

我問：我需要國小六年級的歷史課教學教案。

ChatGPT 回答：
　　主題：台灣的日治時期
　　年級：國小六年級

學習目標：

瞭解台灣的日治時期歷史背景及其對台灣的影響。

掌握台灣日治時期的重要事件和人物。

培養學生的歷史思考能力和分析能力，培養學生的跨領域學習能力。

教學步驟：

導入（5分鐘）介紹學習主題，簡單介紹台灣的日治時期歷史背景及其對台灣的影響。

教學內容（35分鐘）

A. 歷史背景介紹（10分鐘）簡單介紹台灣的歷史背景，從清朝末期、

日本入侵、到日治時期的歷史演變。

B. 重要事件和人物介紹（15分鐘）介紹台灣日治時期的重要事件和人物，

如乙未戰爭、台灣民主運動、林森北等。

C. 台灣日治時期對台灣的影響（10分鐘）介紹台灣日治時期對台灣政治、經濟、社會等方面的影響。

討論（15分鐘）引導學生討論台灣日治時期的意義，以及日治時期對台灣的影響是否有正面和負面之分。

總結（5分鐘）總結本節課的教學內容，並提醒學生從歷史中學習，從過去的經驗中瞭解現在和未來。

教學資源：

教材：提供相關的教材和課程資源，以便學生能夠更深入地了解和學習。

多媒體：使用多媒體投影、影音、圖片等形式，生動有趣地介紹台灣的日治時期。

參考資料：提供相關的參考資料和案例，讓學生能夠更

好地理解和學習。

教學評估：

設計小組討論和問題解答的評分標準，以評估學生的歷史思考能力和分析能力。

設計歷史繪本活動，評估學生對於台灣日治時期的理解和表達能力。

結合課堂互動環節，評估學生對於台灣日治時期相關事件和人物的記憶和理解能力。

教學延伸：

讓學生在家中搜集相關的台灣日治時期資料，進行自我學習和研究，加深對於該時期的理解和認識。

安排實地參訪，如拜訪國家文化資產或相關博物館，以提升學生的學習體驗和興趣。

開展歷史專題研究，邀請學生選擇自己感興趣的主題進行深度研究，提升學生的跨領域學習能力和研究能力。

教學反思：

教師應該注意學生的反應，掌握學生的學習進度和理解程度，及時調整教學方法和內容。

教師應該注重創新教學方法，提升學生的學習興趣和主動性。

教師應該注重知識的串聯和應用，讓學生能夠將所學知識運用到生活中去。

我問：我正在教學 ChatGPT 應用課程，請給我教案。

ChatGPT 回答：

以下是一份以「ChatGPT 應用課程」為主題的教學教

案，供您參考：

主題：ChatGPT 應用課程

課程目標：

了解 ChatGPT 模型的基本原理和應用場景。

掌握如何使用 ChatGPT 模型進行自然語言生成和對話建模。

培養學生創新思維和解決問題的能力。

教學內容：

ChatGPT 模型的基本原理和應用場景。

如何使用 ChatGPT 模型進行自然語言生成。

如何使用 ChatGPT 模型進行對話建模和生成。

如何訓練和優化 ChatGPT 模型。

教學步驟：

引入：向學生介紹 ChatGPT 模型的基本概念和應用場景，並讓學生了解本節課的學習目標。

教學：講解 ChatGPT 模型的基本原理和架構，包括模型的輸入和輸出、訓練過程和優化方法。

活動：組織學生進行小組討論，讓他們探究如何使用 ChatGPT 模型進行自然語言生成的應用，並讓他們分享他們的研究成果。

教學：講解如何使用 ChatGPT 模型進行對話建模和生成，包括模型的訓練數據、生成方法和評估指標。

活動：讓學生進行個人或小組專題研究，選擇一個與 ChatGPT 模型相關的應用場景，並設計和實現一個相應的 ChatGPT 應用。

教學：講解如何訓練和優化 ChatGPT 模型，包括訓練數據的處理、模型參數的設置和優化方法的選擇。

總結：回顧本節課的內容和學生的學習成果，並詢問學生是否有其他的問題和觀點。

評估：

　　設計小組討論和專題研究的評分標準，以評估學生的研究和設計能力。

　　執行一個 ChatGPT 應用的作業，以評估學生的 ChatGPT 模型的應用能力和程式設計能力。

教學資源：

　　課程教材：提供 ChatGPT 模型的相關教材和課程資源，讓學生更深入地了解和學習。

　　程式設計工具：提供程式設計工具和開發環境，讓學生能夠快速地實現和測試自己的 ChatGPT 應用。

　　參考文獻：提供相關的參考文獻和案例，讓學生能夠更好地理解和應用 ChatGPT 模型。

教學評估：

　　設計小組討論和專題研究的評分標準，以評估學生的研究和設計能力。

　　執行 ChatGPT 應用的作業，以評估學生的 ChatGPT 模型的應用能力和程式設計能力。

　　綜合評估學生的學習成果和表現，以評估本節課的教學效果和學生的學習滿意度。

教學延伸：

　　擴展學生對 ChatGPT 模型的應用場景的認識，引導他們開展更深入的研究和探索。

　　引導學生瞭解其他自然語言處理技術和相關的應用，擴展他們的知識和技能。

　　鼓勵學生參加相關的競賽和社群活動，拓展他們的人脈

和學習經驗。

協助教師出考題

　　用 ChatGPT 產生教案，相信對於教師的效率有莫大的幫助，但它是否可以幫忙出考卷？我們來試試看吧！

我問：我想出考試題目給學生，請你扮演出題老師。

ChatGPT 回答：

　　好的，我很樂意扮演題目老師。請告訴我您希望考試的科目和級別，以及題目的類型和難度級別。

我問：給我關於歷史甲午戰爭的題目，選擇題 5 題，並附上答案。

ChatGPT 回答：

　　好的，以下是五道歷史甲午戰爭的選擇題：

　　甲午戰爭是哪兩個國家之間的戰爭？
　　A. 中國與韓國　　　B. 日本與中國
　　C. 日本與韓國　　　D. 中國與法國
　　答案：B. 日本與中國

　　甲午戰爭爆發的原因是什麼？
　　A. 雙方領土糾紛　　　B. 日本欲擴張勢力

C. 中國欲維護對朝鮮的影響力　　　D. 中國欲解放台灣

答案：C. 中國欲維護對朝鮮的影響力

甲午戰爭中，中國海軍的主力戰艦是什麼？
A. 翔威號　　　　B. 鎮遠號
C. 定遠號　　　　D. 皇太極號

答案：B. 鎮遠號

甲午戰爭後，中國和日本簽署的不平等條約是哪一個？
A. 《南京條約》　　B. 《馬關條約》
C. 《辛丑條約》　　D. 《中俄密約》

答案：B. 《馬關條約》

甲午戰爭的敗因是什麼？
A. 中國軍隊武器落後　　B. 中國軍隊戰術不佳
C. 中國軍隊兵力不足　　D. 中國軍隊戰力不足

答案：B. 中國軍隊戰術不佳

　　從這單元可以看出 ChatGPT 絕對可以增加教師們的效率，老師有了餘力後，自然可以提升教學的品質，因為不再需要花太多時間做瑣碎的工作，就有時間學習與進修，對於老師與學生來說是雙贏。

Chapter

2

【職場篇】

Chapter
2

單元 1

使用 AI 寫電子郵件

使用工具：
ChatGPT、ChatGPT Writer、Chrome

為什麼要學：

　　很多人說電子郵件過時了，現在都用 Line 或其他通訊軟體直接傳訊，誰還要用電子郵件？但事實是電子郵件仍有不可取代性，差別就是開放性，電子郵件可以建構專屬郵件服務（如自動化回信系統、信件點擊與否都可分析其行為，進而自動下一步驟），這是 Line 等通訊軟體不具備的特性。

　　因此，電子郵件還是具有很強的實用性，簡單來說你聽過經常換手機號碼的人，但是你聽過經常換電子郵件的人嗎？尤其是商務辦公領域電子郵件，還是個非常主流的交流方式。

　　對於電腦工作者來說，很多人每天還是會收到不少郵件，而且

每封都要回信時，常常會遇到詞窮的窘境；不然就是收到英文信件，英文不好的人就需要花更多時間回信。這次來教大家解決這個困境，來試試以 ChatGPT 為基底的 ChatGPT Writer（這也是一個 Chrome 擴充功能），能不能成為你的電郵寫作顧問。這個單元就來學習讓 AI 幫你撰寫專業的電子郵件吧。

ChatGPT Writer 安裝步驟

ChatGPT Writer 雖然是瀏覽器 Chrome 的擴充功能，但 Microsoft Edge 也能用，只要是採用 Chromium 核心的瀏覽器都行，而以下我會以 Chrome 為例。

Step1：

點擊下方短網址或掃描 QR Code 進入 ChatGPT Writer 官網，進到官網之後，點擊 Download Free Extension 會跳轉到 Chrome 商店，下面有一些擴充功能的特色介紹以及影片。

ChatGPT Writer 官網網址：https://chatgptwriter.ai/
ChatGPT Writer 官網 QR Code 見本頁上方。

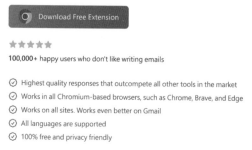

ChatGPT Writer

Free Chrome extension to generate entire emails and messages using ChatGPT AI. All sites are supported and enhanced support for Gmail.

Download Free Extension

★★★★★

100,000+ happy users who don't like writing emails

⊘ Highest quality responses that outcompete all other tools in the market
⊘ Works in all Chromium-based browsers, such as Chrome, Brave, and Edge
⊘ Works on all sites. Works even better on Gmail
⊘ All languages are supported
⊘ 100% free and privacy friendly

ChatGPT Writer 官網

Step2：

接著安裝 Chrome 線上應用程式商店 ChatGPT Writer 的擴充程式，點擊加到 Chrome。

ChatGPT Writer 的 Chrome 擴充程式

Step3：

點擊擴充功能圖標，將 **ChatGPT Writer** 固定在工具列。

固定 ChatGPT Writer 在工具列

Step4：

接著要有 **ChatGPT** 的帳號，並且為登入狀態。

Welcome to ChatGPT
Log in with your OpenAI account to continue

Log in　Sign up

ChatGPT 登入頁面

ChatGPT 網址：https://chat.openai.com/auth/login

ChatGPT Writer 撰寫電子郵件的方法

點擊 ChatGPT Writer 的擴充功能圖示，會跳出 ChatGPT Writer 使用介面，介面雖然沒有中文，但它可以讓 AI 自動產生中文內容，於下方 "Briefly enter what do you want to write" 輸入你信件要回覆的內容重點：

單
元
1
：
使
用
A
I
寫
電
子
郵
件

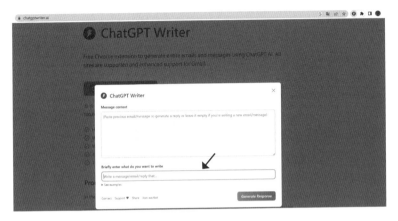

ChatGPT Writer 使用介面

像是我輸入「寫一封電子郵件，說明我正在尋找工作機會」，然後按 Generate Response：

輸入想要 ChatGPT Writer 產生的郵件內容

至於 AI 產生速度，要看當時 ChatGPT 使用人數多寡，如人數不多就會很快產生。另外如果你使用時，明明輸入中文，卻產生英文內容，這時請再按一次 Generate Response，或是加上「請用繁體中文回答」。

ChatGPT Writer 產生的電子郵件內容

以下為 ChatGPT Writer 產出的內容

主題：尋求工作機會

收件人：〔收件人的電子郵件地址〕

尊敬的〔收件人姓名〕：

我是〔你的名字〕，是一位尋求工作機會的求職者。我注意到您公司〔公司名稱〕在招聘〔職位名稱〕，因此特地寫下這封電子郵件向您展示我的興趣和求職意向。

我畢業於〔大學名稱〕，主修〔主修科目〕，在學習過程中獲得了豐富的專業知識和實踐經驗。在過往的工作經驗中，我擁有〔工作經驗描述〕的經驗，並且擅長〔擅長的技能或領域〕。

我對於在您公司工作充滿熱忱，因為〔公司名稱〕是一家〔公司特點描述〕的公司，在〔行業領域〕領域具有很高的知名度和影響力。我相信我的專業知識和實踐經驗，以及對〔職位名稱〕的熱情，將使我成為一個對您公司有所貢獻的優秀員工。

附件是我的簡歷和推薦信，如果您對我的資格有興趣，我很樂意與您進一步聊天。

謝謝您的時間和考慮，期待您的回覆。

此致

敬

如果覺得不錯，就可以複製貼到要回覆的 Email 中。

如果你是使用瀏覽器打開 Gmail，準備撰寫新信件，還有個更快的做法，在寫信時底部工具列就會出現 ChatGPT Writer 的圖示，點一下即可打開 ChatGPT Writer。

Gmail 寫電子郵件的快捷按鈕

ChatGPT Writer 回覆信件用法

如果你正在回信，它會自動把對方寫的內容，貼在 Email context，這時就在 "Briefly enter what do you want to reply" 輸入你想要回對方的重點意思：

*按下 **Insert generated response***

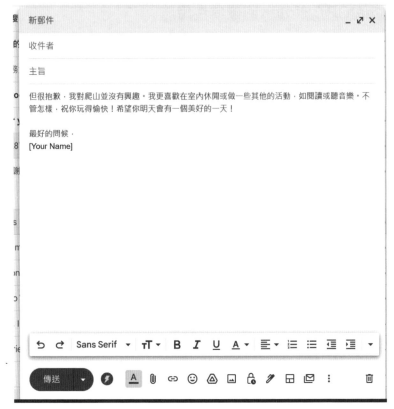

匯入至 *Gmail* 的信件欄位

單元 2

用 ChatGPT 幫你寫產品行銷企劃書

使用工具：
ChatGPT

為什麼要學：

　　ChatGPT 在有明確答案、或可依靠計算的領域，表現得非常出色，製作一份報告絕對沒有問題。但在行銷領域呢？行銷需要創意、創新、文案撰寫能力，這點非常主觀而且沒有標準答案，也無法透過計算產生。ChatGPT 做得到這點嗎？我們來試試看吧！

　　假設要推出一款超級防水、耐撞、拍照功能媲美相機的旗艦手機，老闆要我們寫一份行銷企劃書，要怎麼利用 ChatGPT 做到呢？

GoGo 帶你走一遍產品行銷流程：發想→內容撰寫→企劃靈感。

　　發想清楚後，即可撰寫宣傳文，再來就要開始企劃行銷。

　　公式架構如下：

　　發想文案：利用 ChatGPT 發想廣告標語、產品名稱等。

　　內容撰寫：利用 ChatGPT 寫宣傳文。

　　企劃靈感：利用 ChatGPT 寫行銷企劃。

ChatGPT 發想廣告標語、產品名稱等

我問：我想要一個產品企劃與行銷企劃，你可以協助我嗎？

（切記先問這句看似不重要的話，這樣主題才會環繞於企劃）

ChatGPT 答：

　　當然可以！我可以提供產品企劃和行銷企劃的建議，以下是一些步驟：

1. 了解目標市場：首先，你需要了解你的目標市場，這些人是誰，他們有什麼需求和偏好。這樣可以幫助你確定產品的特點和定位。

2. 確定產品特色：根據你了解的目標市場，確定產品的特色和功能，這樣可以讓產品與其他競爭對手區分開來。

3. 進行市場分析：進行市場分析可以幫助你了解市場的趨勢和競爭對手的優勢。你需要評估你的產品在市場

中的機會和挑戰。

4. 制定定價策略：根據你的產品和目標市場，制定定價策略，這樣可以確定產品的價格點，同時也需要考慮成本和競爭環境。

5. 建立行銷策略：建立一個有效的行銷策略可以幫助你推廣你的產品。你需要決定你的行銷渠道，如社交媒體、廣告、宣傳、公關等。

6. 監控和評估：一旦你開始實施行銷計劃，你需要定期監控和評估其效果，這樣可以讓你及時調整策略，以確保其成功。

希望這些步驟能幫助你制定產品和行銷計劃。如果你需要更多的協助，請讓我知道！

我問：公司要推出一款超級防水、耐撞、拍照功能媲美相機的旗艦手機，請給我 10 個中文品牌命名建議，希望呈現這個品牌具有市場上最頂級旗艦手機的感覺。

ChatGPT 答：

當然，以下是 10 個中文品牌命名建議：

1. 海鷗傳達水中尋寶的感覺，既耐撞又防水，同時給人高雅、專業的印象。

2. 海盾以防水和耐撞的特性為基礎，營造出堅固、強大的品牌形象。

3. 勇士強調產品的堅固性和可靠性，傳達出超越極限的勇氣和實力。

4. 鋼鐵暗示產品堅固、耐用的特性，並與漫威的熱門角色聯繫起來，讓產品更有趣。

5. 極地暗示產品防水、耐寒的特性,並與極地探險聯繫起來,讓產品更有冒險感。

6. 雷神以雷神索爾為靈感,給人強大、堅固、高大上的印象,同時強調產品的防水和耐撞性。

7. 雷霆同樣以雷電為靈感,傳達出強大、震撼的感覺,同時也強調產品的防水和耐撞性。

8. 獵戶座以星座為靈感,表達出產品的高科技、高端、高品質的特性。

9. 獅王傳達出強大、霸氣、高貴的形象,同時強調產品的防水和耐撞性。

10. 超車王傳達出極速、挑戰極限的感覺,同時暗示產品有超越同類產品的優勢。

我問:以武俠風格命名,再給我 10 個建議。

ChatGPT 答:

當然,以下是一些武俠風格的品牌命名建議:

1. 雲劍雲氣飄渺,劍法高超,寓意產品性能優異。

2. 無極意味著無限極限,象徵產品在性能上突破了極限。

3. 洛神取自洛神賦,寓意優雅、高貴、仙氣逼人的形象。

4. 紫鳳借鑒古代神話中神鳥紫鳳的形象,象徵品牌高貴、優雅,並且與鳥類概念結合,體現輕巧便攜的產品設計。

5. 玄冥含有神秘、隱晦、玄妙的意思,寓意產品設計高深莫測。

6. 紫霞取自天官 福，寓意優雅、高貴、靈氣逼人的形象。

7. 倚天取自倚天屠龍記，意味著產品在市場上屹立不搖，像倚天屠龍記中的倚天劍一樣威猛。

8. 江湖武俠小說中常用的詞語，意味著產品具有獨特的風格和文化背景，能吸引武俠迷的注意。

9. 蒼穹含有高遠、廣闊、無限的意思，寓意產品在市場上有著更廣闊的發展空間。

10. 九陰借鑒金庸小說中的武功九陰真經，意味著產品技術上高超、難以匹敵。

我問：我喜歡「無極」，可以幫這個品牌發想廣告標語嗎？

ChatGPT 答：

當然，以下是一些針對「無極」品牌的廣告標語建議：

1. 突破極限，盡享無極。
2. 無盡無極，極致無限。
3. 無極限創造，極致體驗。
4. 無止盡突破，極致科技體驗。
5. 走向無極，開啟無限可能。
6. 突破極限，尋求無極。
7. 挑戰極限，體驗無極。
8. 意欲無極，始終如一。
9. 無盡進化，超越極限。
10. 極致科技，無極體驗。

利用 ChatGPT 寫宣傳文

我問：「無盡進化，超越極限」這標語不錯，幫我寫一篇這個新品牌發表的 Facebook 貼文。

ChatGPT 答：

當然，以下是我為這個新品牌「無極」所撰寫的一篇 Facebook 貼文：

【無極 - 無盡進化，超越極限】

我們很高興向大家介紹我們的最新旗艦手機，「無極」。這款手機以其超強的防水和耐撞能力、媲美相機的拍照功能和無限的創意潛力，將讓您的使用體驗達到一個全新的境界。

「無極」這個品牌名稱正好表達了我們的理念。我們致力於讓手機的演進無盡無限，超越眼前的極限，為您提供最極致的體驗。我們對科技的不斷探索，讓我們能夠打破傳統的限制，開拓更多的可能性。

無論您是拍照愛好者，還是喜愛戶外活動的人士，「無極」都能滿足您對手機的各種需求。這是一款完美的結合，它將為您提供無與倫比的使用體驗，讓您享受前所未有的創造力和自由。

如果您也對「無極」感興趣，請關注我們的官方網站和社交媒體帳戶，獲取最新消息和優惠。讓我們共同開始無盡

進化，超越極限的旅程！

　　有沒有發現，前面所談的元素與規則都在文案中呈現，不需要多說一次防水和耐撞能力，以及媲美相機的拍照功能。我相信這篇文案已經打趴一票一般實力的小編；但 AI 要取代真正的文案高手還有一段距離，可是懂得使用 AI 的菜鳥小編，應該可以取代一些實力普通的前輩才是。懂得使用 AI，將讓你的起跑點比別人還前面。

　　言歸正傳，完整企劃還沒完成，我們繼續問下去。

我問：幫這個品牌寫一篇針對「潛水也不怕」這個產品特色的體驗文。

ChatGPT 答：
　　好的，以下是我為「無極」這個品牌寫的一篇針對「潛水也不怕」這個產品特色的體驗文：

　　【潛水也不怕，無極讓你勇闖深海】
　　作為一款媲美相機的旗艦手機，「無極」在防水和耐撞方面有著非常強大的能力。這就意味著，您可以不用擔心任何潛水運動中的挑戰，全心投入到您的冒險和探索當中。
　　這裡，我想和大家分享一個「無極」手機潛水的體驗。在這次潛水中，我將手機帶在身邊，準備拍下那些奇妙的時刻。
　　我記得，當我潛到海底時，我能夠清晰地看到所有的生

物和珊瑚，就像在晴朗的天空下一樣清晰明亮。我使用「無極」的拍照功能，將這些美麗的景色定格下來，呈現出海底的驚人美景。

但這還不是全部。在潛水中，您可能會遇到各種各樣的障礙，比如激流和強風。但是，「無極」的耐撞能力給了我足夠的信心和安全感，讓我能夠專注於冒險和探索當中。

如果您也是一個熱愛冒險的人，或者對於探索海洋深處充滿好奇，那麼「無極」將會是您最好的搭檔。不管是潛水、滑水、游泳或者其他任何水上運動，「無極」都能為您帶來絕佳的體驗，讓您勇闖深海，探索未知的世界。

不得不佩服 AI 無中生有的編劇能力，我相信如果能加上幾張照片，從網路上看到這篇文章的人，有很多人會相信這篇體驗文。

用 ChatGPT 寫活動企劃

我問：可以為這個品牌規劃 5 個聖誕節企劃嗎？

ChatGPT 答：

1. 「無極」聖誕禮物交換活動：在聖誕節當天，舉辦一個「無極」聖誕禮物交換活動。所有參與者都要攜帶一份精美的禮物，並在活動中互相交換，享受快樂的聖誕時光。

2. 「無極」聖誕快樂音樂會：舉辦一場「無極」聖誕快樂音樂會，邀請知名音樂人和歌手為大家帶來一場愉快的聖誕

音樂盛宴。這場音樂會可以在線上或線下進行，為消費者帶來多元化的體驗。

3. 「無極」聖誕限定版手機：在聖誕節期間推出一款限定版的「無極」手機，將聖誕元素融入設計當中。這款手機可以作為禮物贈送給家人和朋友，也可以作為自己的聖誕禮物。

4. 「無極」聖誕活動打卡：在聖誕節期間，舉辦一個「無極」聖誕活動打卡活動，讓消費者參與到其中。在指定的打卡點拍照並發佈到社交媒體上，並標註「無極」的官方帳號，就可以獲得一份神秘的聖誕禮物。

5. 「無極」聖誕夜市：在聖誕節當天，舉辦一個「無極」聖誕夜市活動。這個活動可以在室內或者室外進行，設置各種攤位和遊戲，讓大家感受到濃濃的聖誕氛圍。在這個夜市活動中，「無極」可以設置專門的體驗區域，讓消費者近距離體驗產品，加深品牌印象。

我對這 5 個聖誕企劃方案不是很滿意，因為層面太廣沒有重點，所以我決定加上以超強拍照為主的聖誕企劃案。

我問：可以延伸「拍照功能媲美相機的旗艦手機」的產品特性，連結到「留下永恆回憶」嗎？請給我 5 個企劃靈感。

ChatGPT 答：

當然可以！以下是五個連結到「留下永恆回憶」的聖誕節企劃建議：

1. 「Christmas Captures」聖誕照片比賽：邀請消費者用我們的手機拍下屬於他們的獨特聖誕照片，並分享到

社交媒體上，最佳作品可獲得精美禮品。

2. 「Unwrap Memories」聖誕驚喜大放送：邀請消費者在聖誕節當天用我們的手機拍下他們收到禮物時的表情，並分享到社交媒體上，我們將選出最佳作品並贈送額外的驚喜禮品。

3. 「Christmas in Motion」聖誕影片創作大賽：邀請消費者用我們的手機拍攝一段聖誕節的影片，並將其編輯成一部精美的短片，最佳作品可獲得超值獎品。

4. 「Holiday Portrait Studio」聖誕肖像攝影：提供消費者在聖誕節期間到指定地點，用我們的手機拍攝專業風格的肖像照片，可獲得免費印刷及數位檔案。

5. 「The Gift of Memories」聖誕禮物特別企劃：推出聖誕限定版禮盒，包含我們的手機、充電器、保護殼等配件，讓消費者在聖誕節期間能夠拍攝高品質的照片和影片，記錄下美好時刻。

我喜歡第二個聖誕企劃案，因為不難做到，成本也不會太高，亦可以達到宣傳的效果，但是我還不打算放過這個 24 小時工作且不會累的工作助手，我接著問下去。

用 ChatGPT 寫影片拍攝腳本

我問：上面第二點的概念非常棒！如果要以這概念拍攝一支短片，你會建議怎麼做？

ChatGPT 答：

感謝您的讚賞！以下是以「Unwrap Memories」為概念的聖誕節短片拍攝建議：

1. 拍攝場景：選擇一個溫馨、充滿聖誕節氛圍的室內場地，例如聖誕樹下、餐桌旁或壁爐邊，並佈置相應的聖誕裝飾，如彩燈、蠟燭等等。

2. 拍攝角度：以手機為主要攝影器材，採用多個角度拍攝，包括近景、遠景、俯拍、側拍等等，以展現不同的場景和細節，讓觀眾更加身臨其境。

3. 拍攝對象：選擇一個有代表性的家庭或團體，讓他們在聖誕節當天進行禮物交換，並用手機拍攝他們的表情和反應。讓觀眾感受到這個特別的時刻和他們的情感。

4. 音樂配樂：選擇一首輕柔、溫馨的聖誕節歌曲作為配樂，讓觀眾更容易感受到聖誕節的氛圍和情感。

5. 編輯剪輯：將拍攝的影片剪輯成一個 3-5 分鐘的短片，並加入相關的文字、聲音效果和過場動畫，讓整個影片更具有節日氛圍和情感。在影片結尾處加入品牌標誌和企業口號，強化品牌形象和聯繫消費者。

希望以上建議能幫助您拍攝出一支精美的聖誕節短片！

我問：幫我寫出 2 個腳本。

ChatGPT 答：
腳本 1：愛情短片
- 主題：愛與回憶
- 人物：男女主角、男女配角
- 情節：男女主角相戀，但因各種原因而分手，男主角一直沉浸在回憶中無法自拔，女主角則開始了新的生活，卻在某天偶然翻出兩人拍的照片，想起以前的美好回憶，開始尋找男主角。最後兩人在原地重逢，一起欣賞過去的照片，重新點燃彼此的愛情。

腳本 2：友情短片
- 主題：友情與成長
- 人物：三位青年男女
- 情節：三位青年男女在校園相識，成為好朋友，但畢業後各奔東西，因為種種原因逐漸疏遠。某天，其中一位遇到了人生挫折，感到無助和孤獨，透過社交媒體找到了兩位好友，約定在昔日的校園見面，回憶過去的歲月。三人在校園裡拍下了這一刻的照片，共同證明他們的友情猶在，而這張照片也成為他們成長路上的珍貴回憶。

　　這兩個腳本看起來不錯，但我不是很滿意，因為偏離了聖誕節活動主題，所以我加上條件重新詢問。

我問：「Unwrap Memories」聖誕驚喜大放送：邀請消費者在聖誕節當天用我們的手機拍下他們收到禮物時的表情，並分享到社群媒體上，我們將選出最佳作品並贈送額外的驚喜禮品。幫我寫出 2 個影片腳本。

ChatGPT 答：

影片腳本 1：《聖誕禮物驚喜》
- 鏡頭：一位年輕女子坐在客廳裡，手上拿著一個禮物。
- 鏡頭：手機畫面顯示她開啟了「Unwrap Memories」APP，準備錄製她打開禮物時的表情。
- 鏡頭：女子打開禮物，露出驚喜的表情。
- 鏡頭：手機畫面顯示她分享了錄製的影片到社交媒體上，並標註了「Unwrap Memories」的帳號。
- 鏡頭：手機畫面顯示其他人也開始分享自己收到禮物時的影片。
- 鏡頭：手機畫面顯示「Unwrap Memories」在所有影片中選出了最佳的一位，並送上額外的聖誕驚喜禮物。
- 鏡頭：結尾畫面出現「Unwrap Memories」的標誌，以及聖誕節祝福詞。

影片腳本 2：《永恆的回憶》
- 鏡頭：一對年輕情侶在雪景中散步，手牽手。
- 鏡頭：手機畫面顯示他們用「Unwrap Memories」APP 拍攝下他們在一起的時刻，還有他們和周圍的風景。
- 鏡頭：手機畫面顯示他們將影片保存在手機中。
- 鏡頭：手機畫面顯示他們在家中回顧當時拍攝下的影片，並開心地分享回憶。

- 鏡頭：手機畫面顯示他們將影片上傳到社交媒體上，以及其他人也分享了他們在一起的回憶。
- 鏡頭：手機畫面顯示「Unwrap Memories」在聖誕節當天，將他們的影片中的某些片段制成了一段短片，傳送到他們的手機上，成為他們永恆的回憶。
- 鏡頭：結尾畫面出現「Unwrap Memories」的標誌，以及聖誕節祝福詞。

在短短 30 分鐘內，完成了發想→內容撰寫→企劃靈感，最後連影片拍攝腳本都幫你完成了，是不是很快速呢？如果你是從事這類工作的人，如果沒有使用 AI，製作像這篇一樣的企劃書要花多久時間？我相信絕對沒有這麼快。雖然不是快就好，但是多出來的時間，你可以好好思考如何增加企劃的創意，這樣企劃才有靈魂，才會成功。

單元 3
ChatGPT 協助使用 Excel 進階用法

使用工具：
ChatGPT、Excel

為什麼要學：

　　Excel 的重要性在第一章已經介紹過了，而這一單元將一步步帶你完成一份報表，並了解如何使用 OpenAI 的 ChatGPT 人工智慧，教你學會使用 Excel 技能，讓你輕鬆編寫函數、計算數值等。這些技巧只需點擊幾下就可使用，學會這些方法，在職場上將無往不利。

ChatGPT 處理基本 Excel 函數

假設有一家「無遠弗屆有限公司」，擁有許多國際市場，並將各市場的收入記錄下來，但問題來了，我要計算總收入，但我不確定在 Excel 要用什麼函數，所以就問問 ChatGPT 大神。

	A	B	C
1	無遠弗屆有限公司		
2	市場	收入	
3	台灣	$ 369,009,873	
4	中國	$ 847,592,945	
5	日本	$ 747,920,487	
6	馬來西亞	$ 360,098,495	
7	韓國	$ 283,048,290	
8	新加坡	$ 129,840,976	
9	美國	$ 290,482,783	
10	德國	$ 138,178,947	
11	加拿大	$ 122,948,494	
12	菲律賓	$ 209,404,729	
13	印尼	$ 108,874,789	
14	英國	$ 738,303,	計算總收入的欄位
15	收入總計	←	

收益表

我問：給我一個將儲存格 B3-B14 相加的 Excel 公式。

ChatGPT 回答：

可以使用 SUM 函數來計算儲存格 B3 到 B14 的總和，公式如下：

＝SUM（B3:B14）

這個公式將選擇從 B3 到 B14 範圍中的所有儲存格，將它們相加以得到總和。

看完總收入後，接下來要算老闆最在意的利潤了，利潤就是所有的收入減所有的成本與費用。其實這一題很簡單，我假裝不會，看看 ChatGPT 會怎麼解決我的問題。

我問：我要用 Excel 算利潤，而我的收入在儲存格 A2，成本費用在儲存格 B2，請問要怎麼做？

ChatGPT 回答：

您可以使用 Excel 的公式來計算利潤，公式如下：

＝A2-B2

這個公式將減去儲存格 B2 中的成本費用（即支出）從儲存格 A2 中的收入（即收益）中，從而得出淨利潤。如果您的淨利潤是正數，則意味著您的收入超過了成本，從而產生了盈利。如果您的淨利潤是負數，則表示您的成本超過了收入，從而產生了虧損。

這個回答超乎我的預期，ChatGPT 發現了我故意留下的

看似正確實則錯誤的資訊，我故意留下收入與成本費用，其實比較正確的用法是收益與支出，這表示 ChatGPT 是真的懂，而不是隨意從數據資料抓答案，以下為 ChatGPT 系統截圖證明。

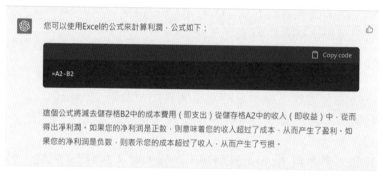

我要用Excel算利潤,而我的收入在儲存格A2,我的成本費用在儲存格B2,請問要怎麼做

您可以使用Excel的公式來計算利潤，公式如下：

```
=A2-B2
```

這個公式將減去儲存格B2中的成本費用（即支出）從儲存格A2中的收入（即收益）中，從而得出淨利潤。如果您的淨利潤是正數，則意味着您的收入超過了成本，從而产生了盈利。如果您的淨利潤是負數，則表示您的成本超過了收入，從而产生了亏损。

ChatGPT 回覆畫面

A	B	C
無遠弗屆有限公司		
收入	成本費用	利潤
$4,345,704,292	$734,504,292	$3,611,200,000

貼入 ChatGPT 的公式算出利潤

ChatGPT 處理進階 Excel 函數

目前展示的部分都還算簡單，我們開始增加難度，如果在眾多產品資料裡，要找出一筆資料的價格，看看 ChatGPT 會給我什麼公式？

我問：我要寫一個 Excel 公式，在我的 Excel 資料裡，找出咖啡巧克力這個儲存格，並找出它的價格。

ChatGPT 回答：

假設「咖啡巧克力」這個儲存格是 A1，「價格」這個儲存格是 B1，可以使用 VLOOKUP 函數來查找「A1」的值並返回相應的價值，

公式如下：
=VLOOKUP（「咖啡巧克力」, A1:B100, 2, FALSE）

這個公式會在 A1:B100 這個區域中查找「咖啡巧克力」這個值，如果找到它，就返回該行的第二個儲存格，即儲存格 B1 中的價值。

請注意，VLOOKUP 函數的第三個參數是返回值的列索引。在這種情況下，我們希望返回的值在第二列中，因此為 2。第四個參數 FALSE 表示查找的值必須與表格中的值完全匹配。

VLOOKUP 與 XLOOKUP 是 Excel 很常用的函數，簡單來說就是垂直尋找與橫向尋找，GoGo 展示的資料量很少，

所以看不出這重要性，通常這函數會用在有上千或上萬筆資料時，因此 ChatGPT 再次完美解決這個 Excel 問題。

	A	B		C		D
	=VLOOKUP("咖啡巧克力",A1:B100,2,FALSE)					
1	產品種類	價格		最愛的零食		價格
2	小熊餅乾		$30	咖啡巧克力		45
3	非雷口香糖		$20			
4	欣欣餅乾		$35			
5	曼陀珠		$30			
6	挑挑糖		$45			
7	咖啡巧克力		$45			
8	海綿麵包		$35			

成功找出咖啡巧克力價格

接下來再增加點難度，要找出一堆賣出產品裡面，咖啡巧克力總共賣出多少錢？以及賣出多少組？

我問：我要寫一個 Excel 公式，在我的 Excel 資料裡，找出所有咖啡巧克力這個儲存格，並加總它的價格。

ChatGPT 回答：

可以使用 SUMIF 函數來查找所有包含「咖啡巧克力」的儲存格，並將它們的價值相加。假設你的資料儲存格是 A1:B100，其中 A 列包含產品名稱，B 列包含產品價格。你可以使用以下公式：

＝SUMIF（A1:A100,「咖啡巧克力」,B1:B100）

這個公式會在 A1:A100 中查找所有包含「咖啡巧克力」的儲存格，並將相應的價格值（在 B1:B100 中）相加起來。

請注意，SUMIF 函數的第一個參數是要檢查的區域（即 A 列），第二個參數是要匹配的條件（即「咖啡巧克力」），第三個參數是要相加的區域（即 B 列）。

	A	B	C	D
D2	fx =SUMIF(A1:A100,"咖啡巧克力",B1:B100)			
1	產品種類	價格	產品種類	總共賣出
2	小熊餅乾	$30	咖啡巧克力	$135
3	非雷口香糖	$20		
4	欣欣餅乾	$35		
5	曼陀珠	$30		
6	挑挑糖	$45		
7	咖啡巧克力	$45		
8	海綿麵包	$35		
9	草莓餅乾	$40		
10	非雷口香糖	$20		
11	小熊餅乾	$30		
12	非雷口香糖	$20		
13	欣欣餅乾	$35		
14	曼陀珠	$30		
15	非雷口香糖	$20		
16	小熊餅乾	$30		
17	咖啡巧克力	$45		
18	咖啡巧克力	$45		
19	非雷口香糖	$20		

計算咖啡巧克力總售價

我問：我要寫一個 Excel 公式，在我的 Excel 資料裡，找出咖啡巧克力有幾個？

ChatGPT 回答：

你可以使用 COUNTIF 函數來計算包含特定文本的儲存格數量。假設你的資料儲存格是 A1:A100，其中 A 列包含產

品名稱。你可以使用以下公式來計算包含「咖啡巧克力」的儲存格數量：

＝COUNTIF（A1:A100,「咖啡巧克力」）

這個公式會在 A1:A100 中查找包含「咖啡巧克力」的儲存格，並返回其數量。

E2	▼	:	✕ ✓ fx	=SUMIF(A1:A100,"咖啡巧克力",B1:B100)	
	A	B	C	D	E
1	產品種類	價格	產品種類	賣出幾個	總共多少錢
2	小熊餅乾	$30	咖啡巧克力	3	$135
3	非雷口香糖	$20			
4	欣欣餅乾	$35			
5	曼陀珠	$30			
6	挑挑糖	$45			
7	咖啡巧克力	$45 ⬅			
8	海綿麵包	$35			
9	草莓餅乾	$40			
10	非雷口香糖	$20			
11	小熊餅乾	$30			
12	非雷口香糖	$20			
13	欣欣餅乾	$35			
14	曼陀珠	$30			
15	非雷口香糖	$20			
16	小熊餅乾	$30			
17	咖啡巧克力	$45 ⬅			
18	咖啡巧克力	$45 ⬅			
19	非雷口香糖	$20			

計算咖啡巧克力個數與總價

ChatGPT 懂 Excel 的 VBA 嗎？

目前可以確定的是 ChatGPT 寫 Excel 函數或算式是沒有問題的，接下來我們嘗試寫 EXCEL 的 VBA，看看 ChatGPT 是否能解決問題？

假設一個情況，如果我要 Excel 幫忙寄信給應付帳款的客戶（你們沒聽錯，利用 Excel 寄信），嚴格說是請 Excel 自動利用 Outlook 寄信給這些客戶。要怎麼做呢？要實現這功能就必須撰寫 VBA，來看看 ChatGPT 是否能做到。

首先在上方標籤選擇資料（Data），在工具列上空白處，按下右鍵，選擇自訂功能區。

選擇自訂功能區

跳出下方畫面，請勾選開發人員選項。

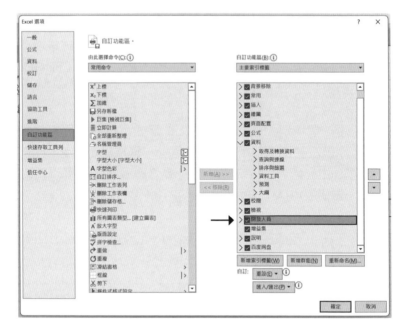

勾選開發人員選項

上方標籤點擊開發人員選項，左上方按下 Visual Basic 按鈕。

點擊 Visual Basic

選擇插入→創一個新模組。

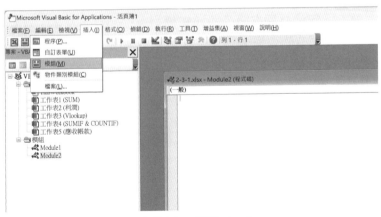

選擇插入→模組（M）

下圖即是 VBA 程式編輯區。

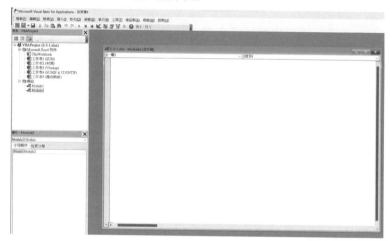

Visual Basic 應用程式介面

接下來進入 ChatGPT 網站。

我問：編寫一個 Excel VBA 巨集來發送電子郵件。使用以下主題：「無遠弗屆有限公司通知信」。使用以下文本：「您欠無遠弗屆有限公司 X」。從 A 列中取值 X，發送到 B 列中列出的電子郵件地址。

ChatGPT 回答：

以下是一個使用 VBA 編寫的發送電子郵件的巨集，根據您提供的信息進行自定義。

```
Sub SendEmails（）
    Dim objOutlook As Object
    Dim objMail As Object
```

```vba
Dim rngTo As Range
Dim cell As Range
Dim strSubject As String
Dim strBody As String
Dim strCompany As String

'設定公司名稱
strCompany＝「無遠弗屆有限公司」

'創建 Outlook 對象
Set objOutlook＝CreateObject（"Outlook.Application"）

'設定主題和正文
strSubject＝"無遠弗屆有限公司通知信"
strBody＝"您欠" & strCompany & " "

'獲取電子郵件地址列表
Set rngTo＝Range（"B2:B10"）

'發送郵件
For Each cell In rngTo
    Set objMail＝objOutlook.CreateItem（0）
    objMail.To＝cell.Value
    objMail.Subject＝strSubject
    objMail.Body＝strBody & Range（"A"& cell.Row）.
    Value
    objMail.Send
```

```
    Set objMail＝Nothing
Next cell

'釋放對象
Set objOutlook＝Nothing
End Sub
```

　　這個巨集會使用 Outlook 應用程序創建新的電子郵件對象，然後將電子郵件地址列表中的每個地址填入 To 字段。在主題中使用指定的主題，並在正文中使用指定的文本和從 A 列中取得的值 X。最後，使用 Send 方法發送電子郵件。請確保您已經將電子郵件地址放在 B 列中。

　　將上述 VBA 程式碼貼上 VBA 程式編輯區，然後選擇上方工具按鈕，點擊設定引用項目，找出 Microsoft Outlook 16.0 Object Library 並勾選它，這樣才能啟動 Outlook 執行。

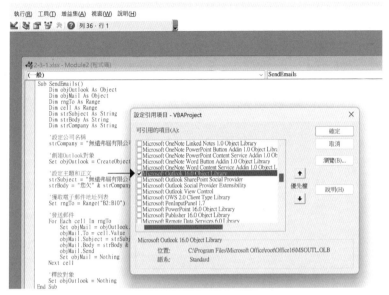

Microsoft Outlook 16.0 Object Library 要勾選

執行 SendEmails

無遠弗屆有限公司通知信

brothergogoo@gmail.com <brothergogoo@gmail.com>
收件者: techpa8@gmail.com

您欠無遠弗屆有限公司 335895

送出後對方收到的信件

Outlook 設定教學──以 Gmail 帳號為例

因為 Excel 是利用 Outlook 寄信，記得要先在 Outlook 設定一組電子郵件，才能順利將信件寄出去。以下為 Outlook 設定教學（以 Gmail 帳號設定為例）：

Step1：打開 **Outlook**，跳出下方畫面，請選擇是（**Y**），再按下一步（**N**）。

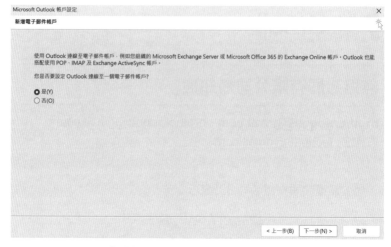

打開 Outlook 新增電子郵件帳戶

Step2：輸入以下資料，帳號與密碼。

輸入帳號與密碼

Step3：登入 Gmail 帳號成功後，即設定成功。

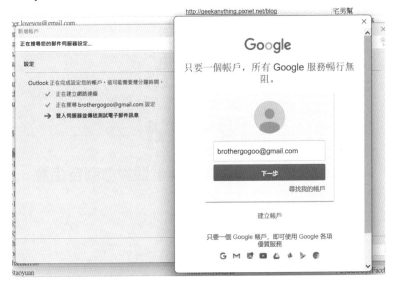

登入 *Gmail* 電子郵件帳戶

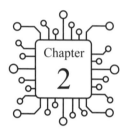

Chapter
2

單元 4

用 ChatGPT 整理資訊，讓老闆對你刮目相看

使用工具：
ChatGPT、Excel

為什麼要學：

　　除非從事勞力工作，不然工作時一定會遇到需要整理資訊的時候，這時沒有祕書的你怎麼辦？一篇像無字天書的文章，要怎麼理出頭緒？這時 ChatGPT 大神就是你最可靠的好幫手。

長篇大論的文章，如何快速產生摘要？

　　我們來看看蘋果公司的財務報告，網頁是這麼寫的：

　　Apple 今日公布 2022 會計年度第四季財務報告（截至

2022 年 9 月 24 日止）。公司公佈的 9 月季度營收達到 901 億美元，創下歷史紀錄，較去年同期成長 8%，換算每股稀釋後季度盈餘為 1.29 美元，較去年同期成長 4%。年度營收為 3,943 億美元，較去年同期成長 8%，換算每股稀釋後年度盈餘為 6.11 美元，較去年同期成長 9%。Apple 執行長 Tim Cook 表示：「本季經營業績反映 Apple 對服務顧客、追求創新，以及讓世界變得更美好的承諾。帶著我們有史以來最……

不需要看完，我知道你已經看不下去了，如果這時你的老闆說，10 分鐘內給我簡單說明重點，要怎麼做呢？這時只要回答老闆「3 分鐘就好」，相信老闆一定對你另眼相看，接著就趕快請出 ChatGPT 大神。

我問：
文章太長：
Apple 今日公布 2022 會計年度第四季財務報告（截至 2022 年 9 月 24 日止）。公司公佈的 9 月季度營收達到 901 億美元，創下歷史紀錄，較去年同期成長 8%，換算每股稀釋後季度盈餘為 1.29 美元，較去年同期成長 4%。年度營收為 3,943 億美元，較去年同期成長 8%，換算每股稀釋後年度盈餘為 6.11 美元，較去年同期成長 9%。Apple 執行長 Tim Cook 表示：「本季經營業績反映 Apple 對服務顧客、追求創新，以及讓世界變得更美好的承諾。帶著我們有史以來最強大的產品陣容進入佳節的同時，我們採取的每一個行動、做出的每一個決定，都以我們的價值觀為指導原則。我們深深致力於保護環境、保護使用者隱私、加強輔助使用，以及打

造能夠釋放人類完整創意潛力的產品和服務。」Apple 財務長 Luca Maestri 表示：「儘管總體經濟環境充滿挑戰和動盪，創紀錄的 9 月季度業績表現展現了我們的執行力。我們持續投資於長期成長計劃，創造超過 240 億美元的營業現金流，並在本季度向股東返還超過 290 億美元。我們生態系統的強大實力、無與倫比的顧客忠誠度，以及創紀錄的銷售表現，推動我們的活躍裝置現有使用量創下歷史新高。本季度為 Apple 公司再度創紀錄的一年畫下句點，營收成長超過 280 億美元，營業現金流比去年增加 180 億美元。」Apple 董事會宣布公司普通股股利每股配息 0.23 美元，股利將於 2022 年 11 月 10 日派發，發放對象為 2022 年 11 月 7 日營業時間結束時登記在冊的股東。Apple 於太平洋時間 2022 年 10 月 27 日下午 2:00 直播 2022 年第四季度財務報告法人說明會，網址為 apple.com/investor/earnings-call。此網路轉播內容，會在約兩星期後提供線上重播服務。Apple 定期在其公司網站 apple.com，以及其投資人關係網站 investor.apple.com，提供資訊給投資人。這些資訊包括有關財務業績的新聞稿和其他資訊、向美國證券交易委員會（SEC）提交或提供的報告、公司管理資訊，以及年度股東大會相關的詳細資訊。

一開始打上「文章太長」，ChatGPT 立刻知道要刪減文章並抓出重點。

ChatGPT 回答：

蘋果公司在今天公布了其 2022 會計年度第四季的財務報告，報告顯示其 9 月季度營收達到 901 億美元，創下歷史紀

錄，較去年同期成長 8%。年度營收為 3,943 億美元，較去年同期成長 8%。蘋果公司的執行長 Tim Cook 表示，這一成果反映了該公司對服務顧客、追求創新，以及讓世界變得更美好的承諾。該公司的財務長 Luca Maestri 表示，9 月季度業績表現展現了其執行力，並持續投資於長期成長計劃，創造超過 240 億美元的營業現金流。蘋果公司的股利將於 2022 年 11 月 10 日派發。蘋果公司在 10 月 27 日下午 2 點太平洋時間直播 2022 年第四季度財務報告法人說明會，網址為 apple.com/investor/earnings-call，並會在約兩星期後提供線上重播服務。投資人可以在蘋果公司的網站 apple.com 和投資人關係網站 investor.apple.com 上獲得更多資訊。

加上規則讓摘要更容易理解

ChatGPT 產出的摘要還是不容易看懂，此時可加上標題與粗體字或表格數據，試試這些規則會產生什麼變化。

我問：使用 H1,H2,粗體字列出重點。

ChatGPT 回答：
Apple 公佈 2022 Q4 財報：營收達 901 億美元，創歷史新高
重點摘要：
- 2022 Q4 營收達到 901 億美元，較去年同期成長 8%
- 換算每股稀釋後季度盈餘為 1.29 美元，較去年同期成長 4%
- 年度營收為 3,943 億美元，較去年同期成長 8%

- 換算每股稀釋後年度盈餘為 6.11 美元，較去年同期成長 9%
- 普通股股利每股配息 0.23 美元，發放對象為 2022 年 11 月 7 日營業時間結束時登記在冊的股東
- 2022 Q4 財報法人說明會將在 10 月 27 日下午 2:00 直播
- Apple 定期在其公司網站提供投資人相關資訊

引言：

　　Apple 今日公布 2022 會計年度第四季財務報告（截至 2022 年 9 月 24 日止），公司公佈的 9 月季度營收達到 901 億美元，創下歷史紀錄，顯示出 Apple 在經濟環境動盪的情況下，展現了極佳的執行力。以下是本次財報的重點摘要。

　　接下來再示範另一個不同做法，讓資訊更加清楚。

我問：用表格分析數據。

ChatGPT 回答：

　　抱歉，作為一個語言模型，我無法從問題中獲取數據來進行分析。如果您提供相關數據，我可以嘗試協助您進行表格分析。

　　為什麼會錯誤？其實是我的錯，因為我的指令是「用表格分析數據」，這指令邏輯不通，我重新問一次。

我問：分析數據，用表格顯示。

ChatGPT 回答：

　　很抱歉，我剛才回答錯誤。以下是使用表格展示數據的示例：

日期	營收	盈餘每股稀釋後
2021 Q4	83.4 億美元	1.68 美元
2022 Q1	111.4 億美元	1.68 美元
2022 Q2	81.4 億美元	1.40 美元
2022 Q3	81.4 億美元	1.40 美元
2022 Q4	90.1 億美元	1.29 美元
2022 年全年	394.3 億美元	6.11 美元

　　在上面的表格中，列出了 Apple 公司在 2021 年第四季度到 2022 年第四季度的營收和每股稀釋後盈餘。使用表格可以更清晰地展示數據，方便比較和分析。

　　發現一個很有趣的點，之前我下了錯誤指令，結果 ChatGPT 竟然跟我道歉，真是很懂得討好老闆，這樣謙虛有實力的員工誰不愛呢？

　　資訊的整理已完成，很簡單對吧，是不是分析得越來越清楚，如果你正要寫論文，ChatGPT 絕對是你最佳幫手。GoGo 讀研究所寫論文時，也是看了很多文獻資料，並且將它的資訊拆解出來，尤其是數據部分，花了大量的時間與精力整理，如果當初我有 ChatGPT，至少可以省下三分之一的時間。

越來越覺得身處在 AI 世代的人類很幸福，AI 可以幫你處理很多枝微末節的事，你只需專注在重要的事情上即可，這樣的未來，人類只會越來越進步。

Chapter
3

【自媒體篇】

單元一
利用 AI 自動產生文字與影片

單元二
利用 AI 自動產生 Podcast 用的音檔

單元三
AI 幫你自動作畫

單元四
AI 幫你自動產生音樂

剪映 Mac
系統下載

剪映 Win
系統下載

　　如果你想經營自媒體，首先必須有一套剪輯軟體，以往一講到剪輯影片，多數人會因為技術門檻而退避三舍。然而現今剪輯影片操作已不再是專業領域，許多人都可自學做出很棒的影片分享在網上成為 YouTuber、販售線上課程，或用剪輯影片接案來獲取額外收入。

　　所以本章在介紹自媒體如何應用 ChatGPT 之前，先介紹一套剪輯軟體「剪映」，這是一款免費的影片剪輯軟體，可在 Mac 和 Windows 電腦使用。剪映功能從裁剪影片到 AI 自動上字幕、自帶內建字卡和特效再到變速和濾鏡等，可以說是為自媒體創作者而生的剪輯軟體。

　　另外，剪映是由一家來自中國深圳的公司——字節跳動（Bytedance）開發的，他們也是抖音（TikTok）的創辦者，所以不用擔心習慣使用了以後，會發生公司結束或不再更新的情況，請放心學習。想免費學習更多剪映技巧，請至 YouTube 搜尋「無遠弗屆教學教室」。

剪映 Mac 系統下載
網址：https://www.wuyuanweb.com/download/Jianying.dmg
剪映 Win 系統下載
網址：https://www.capcut.cn/

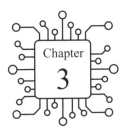

單元 1
利用 AI 自動產生文字與影片

使用工具：
ChatGPT＋剪映

為什麼要學：

　　我的學生很多人想當 YouTuber，無奈沒長相、沒口條，又羞於面對鏡頭，我一聽覺得這些都不是問題，其實只要會寫文章就好，因為會寫文章，其他都可以用電腦製成。但我發現，現在越來越多人連作文都不會寫，不會寫文章也沒長相，又不敢面對鏡頭，那怎麼辦？如果你有認真閱讀本書，看完第二章應該就會發現，只要有 ChatGPT，那不會寫文章也不是問題了。

　　我在 YouTuber 頻道「無遠弗屆教學教室」發布這部教學影片時，懂的人覺得很棒，發現新大陸，不懂的人覺得這一定只是農場

影片。但 ChatGPT 的精髓在於如何問問題，是不是農場文就要看自己怎麼問與編排。我就來示範如何聰明提問，再丟至剪映完成不露臉、不剪輯、不錄音的影片吧。

使用 ChatGPT 產生影片劇本

我問：寫出「sony PS6 爆料消息」5 則吸引人標題。

ChatGPT 答：

1. 「即將來襲！Sony PS6 將引領遊戲新時代！」
2. 「爆料！Sony PS6 將配備更強大的處理器和更先進的圖形技術！」
3. 「更真實的遊戲體驗！Sony PS6 將支援 8K 解析度！」
4. 「大膽創新！Sony PS6 或將推出全新遊戲控制方式！」
5. 「強勢回歸！Sony PS6 將帶來更多經典遊戲重製版本！」

我問：針對第 4 點寫一篇文章。

ChatGPT 答：

Sony PS6 或將推出全新遊戲控制方式！

Sony PS6 將是全球遊戲愛好者所期待的遊戲主機之一，除了升級性能和視覺效果外，它可能還會帶來一種全新的遊戲控制方式，讓玩家們在遊戲中獲得更加身臨其境的體驗。

據報導，Sony 正在研發一種新型遊戲控制器，它將能夠提供更加真實的觸感反饋，讓玩家們感受到遊戲中更加豐富的觸感體驗。目前仍不清楚這種新型遊戲控制器的具體名稱或功能，但相信它將會在 Sony PS6 上得到應用。

這種新型遊戲控制器可能採用了先進的觸控技術和智能感測器，可以在玩家的手指觸碰時感知到更多的細節和信息，從而更好地模擬真實的觸感體驗。這種技術將為玩家帶來更加真實的遊戲體驗，例如在射擊遊戲中感受到武器的後座力或在足球遊戲中感受到球的重量和踢球的力量。

此外，據報導，這種新型遊戲控制器還可以自適應地調整自己的阻尼和反彈力度，以便根據不同遊戲場景提供最適合的觸感體驗。這也將使玩家們更容易地沉浸在遊戲中，享受更加刺激和激動人心的遊戲體驗。

總之，Sony PS6 的新型遊戲控制器將為遊戲愛好者帶來更加真實的觸感體驗，並可能將改變未來遊戲控制器的發展方向。讓我們拭目以待，看看 Sony PS6 將會帶來怎樣的驚喜和創新！

就要使用這些文字，將它轉換成影片，其中要包含文字聲音。使用影片剪輯軟體剪映，完成接下來的工作。

使用剪映 AI 圖文成片，快速完成文字影片

Step1：打開剪映，在程式第一個畫面點擊圖文成片。

剪映圖文成片功能

Step2：剪映圖文成片設定介面。

剪映圖文成片設定介面

　　輸不輸入標題都不影響，但有 3 個重點：1. 將內容貼上正文欄位：Ctrl＋v（win）；command＋v（mac）。2. 選擇朗讀聲音。3. 按下生成視頻。

剪映圖文成片設定

等待視頻生成

Step3：剪映圖文成片生成完成，進入剪映剪輯系統。

剪映專業版介面

　　這時你可以將不喜歡的圖片或影像換掉，如果覺得很滿意，接下來就是導出影片。

Step4：剪映導出影片，畫面右上角導出按鈕。

剪映介面右上角導出按鈕

Step5：如果沒有特殊需求，通常設定是不用改的，還包含字幕檔，直接一起導出。

按下導出即完成作品

製作一部不露臉、不剪輯、不錄音的影片，整個過程不超過 10 分鐘就可以完成，任何人只要有心學都可以做到。

當然如果要剪出電影般史詩級大片還是需要經驗與高超

技術，但 GoGo 認為，剪輯一部流暢的影片已不再困難（想學使用剪映剪輯技巧，可在我的「無遠弗屆教學教室」頻道觀看教學），而一部流暢影片已足夠成為自媒體的影片，因此人人都是自媒體時代已來臨。

　　雖然有人說這都是農場影片，但我覺得是不是農場，就看你與 ChatGPT 如何溝通，以及是否對時事敏銳，當然加入獨特的觀點也是成功的要素。時代技術已轉移，人人都該改變做法了。

單元 2

利用 AI 自動產生 Podcast 用的音檔

使用工具：

ChatGPT ＋剪映

為什麼要學：

　　Podcast 也是近年來熱門的自媒體，Podcast 就是聲音的節目，跟傳統廣播不同的地方是，主持人可以先把音檔錄好，放在 Podcast 平台上，讓聽眾可以自由選擇要聽的時間跟主題。隨著越來越多人使用，Podcast 也漸漸成為一個曝光的管道。而這個自媒體重要的是內容，所以 ChatGPT 的功用就來了，這一單元就來教學如何利用 AI 自動產生 Podcast 用的音檔。

使用 ChatGPT 完成 Podcast 頻道名稱、標題與內容

我問：我想要創建一個 Podcast 頻道，主要討論歷史故事，可以給我 10 個頻道名稱建議嗎？

ChatGPT 答：

當然可以，以下是 10 個歷史故事的 Podcast 頻道名稱建議：

1. 「歷史的脈動」（Pulse of History）
2. 「歷史上的今天」（Today in History）
3. 「歷史的秘密」（Secrets of History）
4. 「探索歷史」（Exploring History）
5. 「重返歷史」（Back to History）
6. 「歷史深度解讀」（In-Depth History）
7. 「歷史的人物」（Historical Figures）
8. 「歷史的轉捩點」（Turning Points in History）
9. 「歷史背後的故事」（Stories Behind History）
10. 「歷史的鏡頭」（Lens of History）

希望這些建議能夠幫助到您！

我問：我覺得第 9 個不錯，給我 5 個第一集建議要講的標題。

ChatGPT 答：

好的，以下是針對第 9 個頻道名稱建議「歷史背後的故事」的五個第一集建議標題：

1. 「華盛頓零時刻：美國建國的背後故事」（Washington's Zero Hour: The Untold Stories of America's Founding）
2. 「浴血戰役：滑鐵盧之戰的真相」（The Bloody Battle: Uncovering the Truths of the Battle of Waterloo）
3. 「摩西的真正故事：從出生到帶領以色列人民的背後」（The Real Story of Moses: Behind His Life From Birth to Leading the Israelites）
4. 「失落的文明：馬雅文化的崛起和沒落」（Lost Civilization: The Rise and Fall of Mayan Culture）
5. 「一次世界大戰中的間諜：背後的故事」（Spies in World War I: The Untold Stories Behind the Scenes）

這些主題都是歷史中經典和有趣的事件，希望可以啟發您的靈感，開始製作您的 Podcast 頻道！

我問：我覺得都很棒耶，可以給我這 5 個故事大綱嗎？

ChatGPT 答：

1. 「華盛頓零時刻：美國建國的背後故事」這個故事將探討美國建國的關鍵時刻，特別是美國獨立戰爭和憲法制定期間的事情。從美國創始人的角度出發，這個故事將介紹一些比較不為人知的故事，例如華盛頓將軍如何幾乎被選中成為美國國王，以及憲法起草委員會中的一些有趣事實。
2. 「浴血戰役：滑鐵盧之戰的真相」這個故事將探討著名的滑鐵盧戰役，這場戰役發生在 1815 年，是拿破崙時代的最後一場大戰。故事將介紹該戰役的重要性，並深入探討戰役發生的背景、原因和後果。故事還將介紹一些戰役中

的關鍵人物，並提供一些少為人知的事實。

3. 「摩西的真正故事：從出生到帶領以色列人民的背後」這個故事將探討聖經中的一個重要人物摩西。故事將介紹他的出生和年輕時期，以及他如何成為以色列人的領袖。故事還將探討他如何領導以色列人從埃及奴役中解放出來，並在曠野中領導他們的經歷。

4. 「失落的文明：馬雅文化的崛起和沒落」這個故事將探討古代馬雅文明，這個文明曾經在中美洲繁榮發展了數百年。故事將介紹馬雅文化的一些主要特徵和成就，例如他們的建築、天文觀察和數學發明。故事還將討論馬雅文明的沒落原因，以及這個文明如何在現代重新獲得關注。

5. 「一次世界大戰中的間諜：背後的故事」這個故事將探討第一次世界大戰中的間諜，包括德國、英國和其他國家的情報機構。故事將介紹一些歷史上著名的間諜，例如莫塞爾女士和諾曼德人。故事還將探討這些間諜如何在戰爭期間進行情報活動，以及他們對大戰的結果產生了什麼影響。此外，故事還將介紹一些少為人知的事實，例如情報機構如何使用動物進行情報活動，以及一些被解密的間諜代號。

希望這些大綱能夠為你的 Podcast 頻道提供啟發和幫助！

雖然都是很不錯的標題，但第一集還是只能有一個，所以我叫出 5 個大綱，思考哪一個最適合第一集，看了以後我選擇了第一個標題。

我問：給我第一個標題的完整內容。

ChatGPT 答：

好的，以下是第一個標題的完整內容：
「華盛頓零時刻：美國建國的背後故事」

第一集：華盛頓與李察

這一集故事將從美國獨立戰爭的開始講起，介紹幾個與華盛頓有關的故事，讓聽眾更好地了解美國建國的背景和歷史。故事以 1776 年的情景開始，華盛頓將軍在經歷了一系列的挫敗之後，終於找到了翻轉戰局的方法。故事還介紹了李察·亨利·李的一些有趣事蹟，這位退役的英國陸軍將軍在美國獨立戰爭期間曾與華盛頓將軍有過幾次相遇，並在美國革命中扮演了重要角色。

在這一集中，聽眾將學到：

- 1776 年時，華盛頓將軍如何擊敗了英軍將領威廉姆·豪，挽救了美國獨立戰爭的前景。
- 華盛頓如何通過補充士兵的糧食和供應，以及使用情報來達到勝利。
- 李察·亨利·李如何在美國獨立戰爭期間發揮了關鍵作用，並成為美國革命戰爭中的一位英雄。
- 華盛頓和李將軍之間發生的一些趣事和故事，這些故事讓聽眾更好地了解這兩位重要人物。

希望這能幫助你了解更多關於第一集的內容！

當你上傳音檔至 Podcast 或其他平台時，除了需要標題，還需要內容摘要，所以這個做法，可以讓上傳音檔後節省很多撰寫的時間。

我問：給我華盛頓與李察的故事。

ChatGPT 答：

　　很高興為您講述華盛頓與李察的故事！

　　在美國獨立戰爭期間，李察‧亨利‧李是英國陸軍的一位重要將領。而華盛頓則是美國獨立軍的總指揮。儘管他們站在敵對的陣營，但兩人卻有著幾次相遇和一些有趣的故事。

　　1776 年夏天，華盛頓和他的部隊正在進行一個充滿風險的行動，試圖在夜間越過特倫頓河攻擊德國佔領的霍根斯敦堡。在這個關鍵時刻，李察‧亨利‧李出現了，他帶著他的部隊來支援德國軍隊，並打算追擊逃離的美國獨立軍。當李將軍向華盛頓進攻時，華盛頓很快就發現了他的蹤跡。他下令將他的部隊藏在一個樹林裡，並在黑暗中設置陷阱。當李察‧亨利‧李的部隊接近時，華盛頓的士兵們突然出現在他們的背後，將他們包圍住。在這場激烈的戰鬥中，美國獨立軍擊敗了李察‧亨利‧李的部隊，取得了一場重要勝利。

　　另一個與李察‧亨利‧李有關的故事發生在 1778 年。當時，李將軍正在試圖 取南部的撒凡納，華盛頓則派了法國軍隊來支援南方的美國獨立軍。然而，在這個遠征中，法軍指揮官拉法葉伯爵與李將軍發生了爭吵，李將軍拒絕了拉法葉的指揮。這場爭吵導致法軍和美國獨立軍之間的分歧，最終導致了美國獨立軍的失敗。

這些故事展示了華盛頓和李察・亨利・李在美國獨立戰爭期間的互動和故事，以及他們之間的複雜關係。華盛頓是一位非常聰明和謹慎的指揮官，他總是能夠在戰場上保持冷靜，並且有著很強的策略頭腦。李察・亨利・李則是一位充滿野心和才華的將領，他是英國陸軍中的明星，但也因其脾氣古怪而著名。儘管兩人在戰場上是敵手，但他們彼此之間還是有著一些相似之處，比如他們都是非常勇敢和獨立思考的人。

　　在美國獨立戰爭的後期，李察・亨利・李轉而支持美國獨立運動，他認為英國對待美國殘忍無情，並且支持美國獨立。最終，他成為了一位美國政治家，並且在美國的建國過程中發揮了重要作用。這些故事不僅展現了兩位重要人物的故事，也讓我們更深入地了解了美國獨立戰爭的歷史和脈絡。

因此 ChatGPT 幫我創建了以下資訊

1. Podcast 頻道名稱：歷史背後的故事（Stories Behind History）。

2. 第一集的標題：華盛頓零時刻：美國建國的背後故事。

3. 第一集內容：華盛頓與李察的故事。

　　接下來要來創建音檔，我們再把剪映打開，要使用剪映產生音檔有兩種方式，第一種不用錄音直接用 AI 人聲，第二種錄製自己的聲音，最後輸出 MP3 檔案。

方法1：使用剪映圖文成片產生音檔

首先打開剪映，點擊圖文成片按鈕，貼入內容。

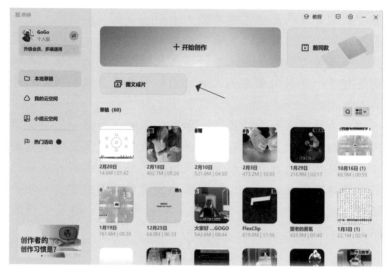

點擊圖文成片

貼入內文、選擇聲音、按下生成視頻

點擊導出

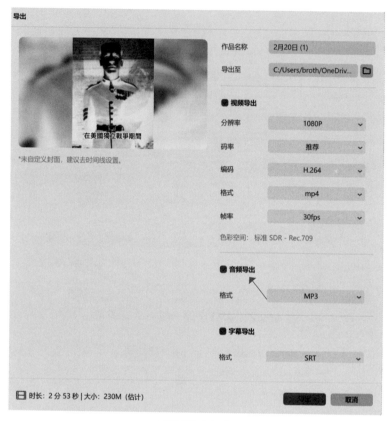

音頻導出打勾

導出音檔後，即可準備上傳至 Podcast 等相關平台。

方法2：使用剪映錄製聲音

首先打開剪映，點擊＋開始創作。

點擊開始創作按鈕

點擊錄音按鈕。

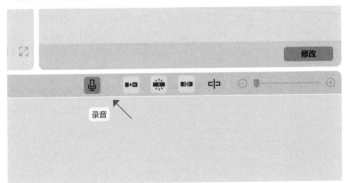

錄音按鈕

按下錄音按鈕，開始錄製聲音。

錄音面板

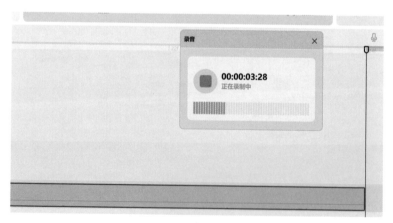

開始錄音

錄製完畢後，按下導出，記得音頻導出要打勾，再按下導出即可創建音頻。

Podcast Hosting 託管平台

看到這裡你一定會問，創建好之後接下來要怎麼做呢？我建議上傳到託管平台，當你完成作品，你會希望不只上傳至 Podcast，你會希望在 Spotify、Google Podcast 等平台也看得到自己的作品吧，這時託管平台就會發揮效用。

這些託管平台除了讓我們放置節目，另一個用處就是產出 RSS Feed，讓我們可以提交給 Apple Podcast 審核、上架。除此之外，託管平台也能提供其他加值的服務，如節目數據分析、變現用工具等。

推薦以下台灣兩大 Podcast Hosting 託管平台。

Firstory

成立於 2018 年的「Firstory」，一開始打造了聲音社群服務，讓用戶上傳錄音並可以選擇背景音樂，之後轉型提供 Podcast 製作服務。

網址：https://firstory.me/zh/

SoundOn 聲浪媒體科技

2019 年 9 月中文 Podcast 服務「SoundOn 聲浪媒體科技」由 Uber 北亞洲區前總經理顧立楷、台灣原生網路媒體集

團流線傳媒創辦人戴季全與集團總主筆張育寧共同創辦。
網址：https://www.soundon.fm/

關於上傳音檔到託管平台，這裡就不多做說明，連到他們官網都有很詳細的教學。

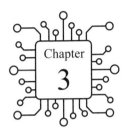

單元 **3**

AI 幫你自動作畫

使用工具：
Midjourney、ChatGPT

為什麼要學：

　　AI 繪圖越來越流行，甚至多了一個叫「詠唱師」的職業，簡單來說就是下指令給 AI 繪圖的人，因為輸入關鍵字的動作被認為是在唸咒語。這單元要介紹 AI 繪圖網站 Midjourney，過去 Midjourney 需要邀請碼才能使用，現在只要加入他們的 Discord 頻道，就能直接試用，產出成果絕對令人感到驚艷。另外要注意是，產生出來的圖片不能商用，商用需要另外付費。

　　Midjourney 官網：https://midjourney.com/

使用 Midjourney 前，先註冊 Discord 帳號

進到 Midjourney 官網，點擊 Sing In。

選擇 Sign in

點擊註冊

建立新帳號

授權 Midjourney

*進入 **Midjourney** 頻道*

接著就會進到 Midjourney 的 Discord 頻道，有任何問題，可在 member-support 裡發問。要 AI 自動運算圖片的話，請進入 newbies 系列的聊天頻道，任何一個都可以。

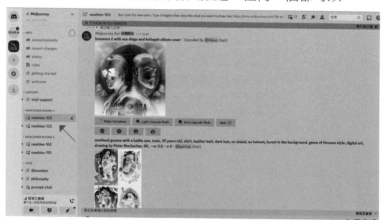

***Midjourney** 頻道*

進入頻道後，你會看到很多人都在嘗試 AI 自動運算圖片，這時候可以參考別人是怎麼下關鍵字。因為頻道很多人在使用，所以訊息會一直被洗版，更新很快。使用方式很簡單，於下方的聊天輸入欄位中，輸入 /imagine，點擊如下圖所示的選項即可輸入提示詞。

輸入/imagine 點擊下列選項

輸入提示詞

我輸入以下 Prompt：african graphic animal poster，是不是產出以下超美的圖片呢？況且是獨一無二的圖片，正好可以印出布置我的牆面。至於這是電腦繪的還是親手繪的，那又有什麼關係呢？

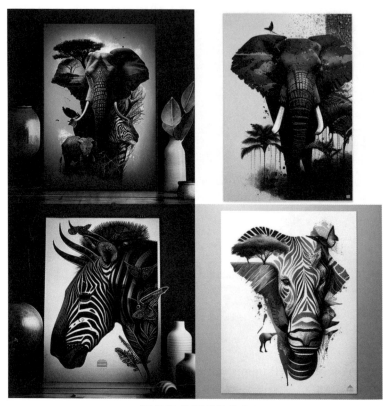

超美的非洲動物海報

　　Midjourney AI 繪圖免費版登入 Discord 就能使用了，功能基本上沒有限制，就是 Midjourney 產生圖片的速度會明顯比付費版慢很多。而 Midjourney AI 繪圖免費版有限制產生的圖片張數，大約是 25 張。如果喜歡的話建議購買付費版，費用如下：

Midjourney AI 繪圖付費版介紹

Midjourney AI 繪圖付費版使屬於訂閱制的形式，有 3 種方案：

基本方案：10 美元／月

標準方案：30 美元／月

進階方案：60 美元／月

上述的方案如果一次付一整年，費用還可以打 8 折。

付費版 Midjourney 不只產生圖片的速度快很多，也沒有數量上的限制，如果用量不大但會長期使用的話，基本方案是個還不錯的選擇。

niji.journey 動畫卡通風格

nijijourney 為 Midjourney 的姊妹作，Midjourney 比較寫實，niji journey 就屬於動畫卡通風格，使用方法也是需要透過 Discord 頻道，再經由下方官網連結，加入頻道。

niji.journey 官方網站：https://nijijourney.com/zh/

niji.journey 漫畫風首頁

进入测试版
我们的官方 Discord 包含多个使用 niji-journey 生成
图片的频道。在封测期间，这将是使用我们 AI 的唯
一方式。

使用 /imagine
在我们的任何 #图像生成 相关的频道中，通
过/imagine 命令，并且附上提示文本，我们的生成
机器人将会为您启动生成任务。

调整您的结果
使用 UI、U2、U3 和 U4 按钮，可以放大您的作品，
您还可以使用 V1、V2、V3 和 V4 按钮来创建图片的
不同变化。

niji.journey 使用 Discord 登入

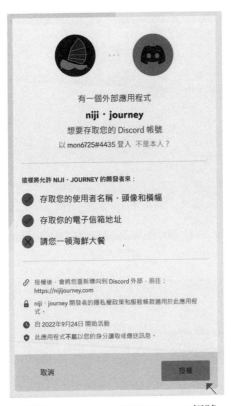

授權 niji.journey 使用 Discord 帳號

加入 Discord

接受邀請

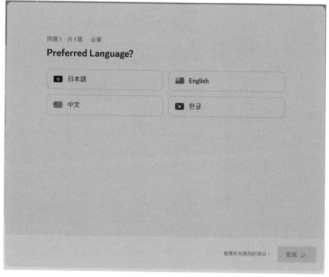

選擇偏好的語言

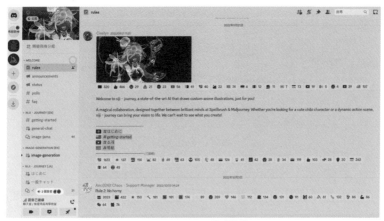

niji.journey 的頻道

　　這個頻道很特別，詠唱不只用英文，也可以用中文、韓文、日文。

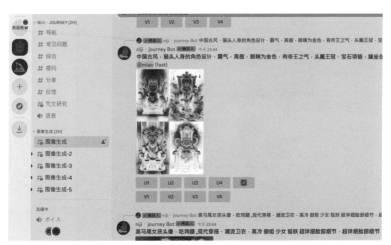

中文也行

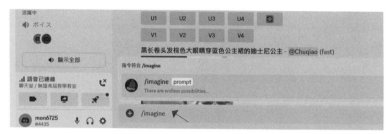

輸入／imagine

　　我輸入以下 Prompt：二次元，動漫，少女，立繪，手持
法杖，最高畫質，繁複，大師作品，是不是產出以下超美的
圖片呢？

產出精美的圖片

使用上傳照片為底，產生漫畫風格

我們來個進階用法，我希望以我的照片為基底，產生漫畫風格，作法如下：

按下＋號，上傳檔案。

上傳檔案

按下 Enter 才會送出。

*還要按下**Enter** 才會送出*

送出後點擊圖片

點擊在瀏覽器開啟

複製瀏覽器網址

我輸入以下 Prompt：照片網址，二次元，動漫。

將照片網址貼上並輸入提示詞

　　這個成果我已經很滿意了，畢竟我的提示詞 prompt 只有二次元，動漫，如果給 AI 更多細節，它會生成更精緻的圖像。

我的漫畫造型

下對咒語，讓 Midjourney 幫你成為繪圖大師

　　要畫得好，咒語就要下得好，也就是要描述得更詳細，但 Midjourney 只能下英文指令，英文不好的人，可以使用 Google 翻譯，基本上不會搞錯，例如：漫威超級英雄、油畫、素描等。但這些元素要靠自己去想，畢竟沒有一個教學可以教到你心目中的樣子。在此提供 3 個重要的參數，幫你更容易產出心目中的圖片。

重要參數 1：文字重量參數 ::

　　你所下的咒語，心中也應該有比例輕重，例如你的咒語裡 girl（女孩）和 dog（狗）是兩種不同的東西，AI 不清楚哪個重要性比較高。此時，可以在 :: 之後添加一個數字。

我下的咒語如下：概念藝術，黑白背景，部落，沙漠，可愛，狗::1，女孩::2

/imagine prompt:concept art, background, tribe, desert, cute, dog::1, girl::2

文字重量參數::

- Midjourney 官方用戶手冊是建議將數值設定在 -2 與 2 之間就好（並且可使用小數點，所以 ::1.5 也是可以的）。
- 如果沒有提供數值，Midjourney 則默認重要性為 1。

重要參數 2：不要出現的元素 --no

例如要求 Midjourney 產生綠色草地的圖，有時會在背景出現一棟房子，所以如果有絕對不希望出現的元素，可以加上 --no 參數。

我下的咒語如下：美麗的花園與池塘
/imagine prompt: beautiful garden with a pond

很容易出現房子

加上參數的咒語如下：美麗的花園與池塘，不要房子。
/imagine prompt: beautiful garden with a pond --no house

--no 參數沒有出現房子

重要參數 3：圖像比例--ar 參數

　　Midjourney 所繪製圖像的比例都是 1：1，如果想產生其他比例的圖像，就需要用到 --ar 參數。

　　原本的 V4 版只支援兩種比例（1：1 及 2：3／3：2），在 2023 年 2 月初的更新中，V4 終於支援各種比例，只要比例值介於 1：1 及 1：2／2：1 即可。如果是為了在影片中使用圖像，建議直接繪製 16：9 或 9：16 的圖像效果最佳。

　　16：9 適合大景，例如風景、電影場景、影片素材。

　　9：16 適合生成人像，這樣衣服部分較有空間描繪細節。我下的咒語如下：一個美麗大眼的女孩 9：16 比例

　　/imagine prompt: a beautiful big eyes girl--ar 9：16

--ar 美麗的大眼女孩 6：19 比例

我下的咒語如下：超級狗在紐約大戰外星人 9:16 比例。

/imagine prompt: Superdog fighting aliens in New York--ar
9:16

--ar 超級狗在紐約大戰外星人 9:16 比例

看到這裡，你還是不會下咒語嗎？好吧！再把助手請出來，讓 ChatGPT 再度發揮它的威力。

我問：I want you to act as a prompt generator for Midjourney's artificial intelligence program.（我想讓你充當 Midjourney 人工智慧程序的提示生成器。）

ChatGPT 答：

Certainly! Here are a few prompts for Midjourney's artificial intelligence program:

Write a short story about a character who discovers a hidden portal to another...底下囉嗦一堆，以下省略，總之就是同意。

我問：我想產生一張圖，我是一個不眠不休寫書的作家，黑眼圈都出來了，還拚命寫書。

ChatGPT 答：

好的，這裡是您要求的圖片描述：

這是一張描繪一位不眠不休寫書的作家的圖片。畫面中，我們可以看到一個人影，他坐在桌子前，手中拿著一支筆，正在奮筆疾書。他的眼袋深深，臉上透著一絲疲憊和焦慮。桌子上散落著各種文件和筆記本，墨水瓶旁邊還有一堆未使用的筆。背景是一個明亮的書房，房間中充滿了書架和書籍，有些書籍還散落在地上。這位作家看起來非常認真地寫著他的作品，他的毅力和努力令人欽佩。

我問：將圖片描述翻譯成英文。

ChatGPT 答：

Here's the translation:

"This is an image depicting a writer who tirelessly writes books, even as they develop dark circles under their eyes from the long hours. In the picture, we can see a figure sitting at a desk, holding a pen and writing feverishly. Their deep eye bags and facial expression reveal fatigue and anxiety. The desk is scattered with various documents and notebooks, and there is a pile of unused pens next to the ink bottle. The background is a bright study, filled with bookshelves and books, some of which are even scattered on the floor. This writer appears to be very dedicated to their work, and their perseverance and hard work are admirable."

咒語已產生，我再貼上 Midjourney AI，產生以下圖片。

看這張作者辛苦圖，請多多支持本書

在這個 AI 年代，使用 Midjourney AI、Nijijourney AI 等 AI 繪圖，可以透過輸入咒語快速創作出高品質的圖像。對於英文不熟悉的人，也能利用 Google 翻譯輕鬆生成圖片。雖然有使用次數限制，但一般人能靠打字繪出精緻圖片，應該已經驚訝不已。只能說 AI 越來越強大，使用門檻越來越低，只要你願意學習，人人都可以變成 AI 電腦繪圖大師。

GoGo 所知目前比較熱門的 AI 繪圖軟體如下，除了 Midjourney AI、Nijijourney AI，還有 PlayGround、Disco Diffusion、Stable Diffusion，操作方式不同，但原理都大同小異，重點還是在於下咒語的詠唱師。也難怪有些公司已經開設這個職業，如果對這職業有興趣的人，上述幾個軟體都該試一試，這即將成為你的專業技能。

單元 4

AI 幫你自動產生音樂

使用工具：
AIVA

為什麼要學：

　　AI 的應用領域除了協助繪圖、生成文案外，還可以跨足到音樂、電影等領域，包括串流媒體、配樂生成等都能交由 AI 處理。有製作媒體經驗的人都知道配樂的重要性，且許多專家、音樂家和唱片公司，都在尋找將 AI 技術整合到音樂的新方法。因此，本單元將介紹一款 GoGo 認為很好用的 AI 生成配樂工具，學會之後就不會再有找不到音樂的煩惱。

AIVA 官網

AIVA 音樂生成軟體

　　AIVA 是一款備受關注的 AI 音樂生成器，於 2016 年開發，從推出後就不斷修正與調整，能為廣告、遊戲、電影等創作配樂。AIVA 亦推出許多創作，它的首張作品《Opus 1 for Piano Solo》推出時就令人驚艷，也為多款電玩遊戲製作音樂與專輯。它讓使用者能從頭開發音樂，並幫助生成現有歌曲的延伸變體，還可以選擇風格，生成許多不同風格的音樂，包括編輯現成音樂，可以說是一款創造音樂的神器。

　　AIVA 官方網站
　　網址：https://www.aiva.ai/

到 AIVA 網站註冊一個使用者帳號

創建帳號

可使用 Google 帳號註冊與登入。

可用 Gmail 創建

　　AIVA 的控制後台，選擇左上方的 Create Track，創建音軌。

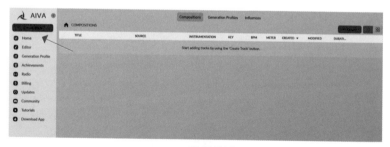

AIVA 的控制台

　　有 3 個選項：1. Generation Profiles（已生成的音樂）。2.Influences（想要加入的音樂元素放入，重新創作）。3. Preset styles（按照風格生成音樂）。

3 種創作方式

試聽後覺得不錯，就按下＋Create

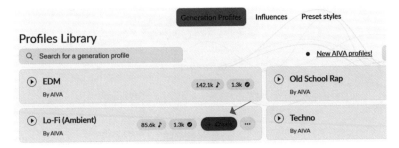

Generation Profiles

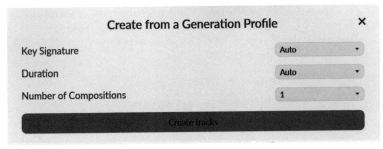

調整參數創建音樂

上傳想要類似的元素音樂檔，再按下 Use an existing influence，重新創作。

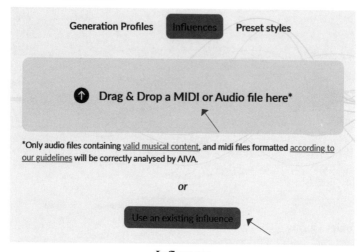

Influences

使用自動檢測，按下 Done 即完成音樂生成。

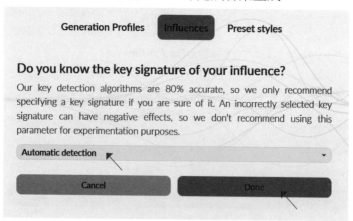

調整參數創建音樂

選擇想要的方式：從情緒或曲風面向產生，先示範從情緒面生成音樂。

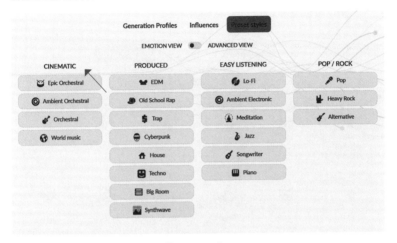

Preset styles

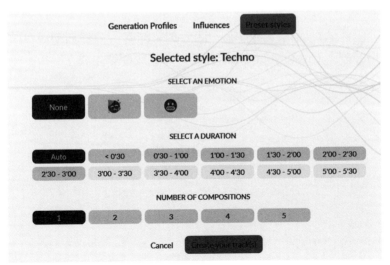

選擇情緒

選擇情緒後，按下 Create your track，即完成配樂生成。

接著是從曲風生成音樂。

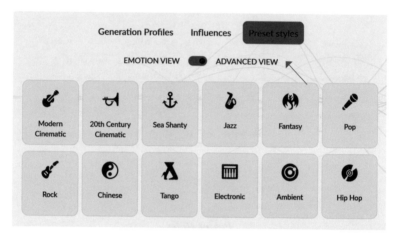

選擇曲風

　　這個頁面可以調整哪一個大調、節奏、演奏類型……，
接著按下 Create your track（s），即完成配樂生成。

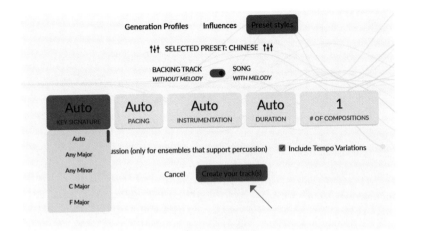

選擇調整參數

　　AIVA 的音樂平台無疑是最容易上手的 AI 作曲服務，選一選即可完成你的 AI 配樂創作。懂得使用 AIVA 的人，從此再也不用擔心找不到喜歡的配樂囉。

Chapter
4

【生活篇】

Chapter
4

單元 1

讓 ChatGPT 當你的戀愛顧問

使用工具：
ChatGPT

為什麼要學：

　　你知道嗎？在美國已經有 **42%** 的男士使用 ChatGPT 幫忙寫情書！而且對商機一向敏銳的《紐約時報》，也推出讓 ChatGPT 幫你生成情書或賀卡的服務。

《紐約時報》AI 情書網站

登入《紐約時報》會員後，即可使用基於 ChatGPT 的情書系統。

《紐約時報》AI 寫情書系統

在我的 YouTube 頻道「無遠弗屆教學教室」裡有網友留言「用ChatGPT 寫情書不道德，不是自己寫的沒有誠意。」其實說的很有道理，但我想說的是機會，因為 AI 的幫助，幫

你跨出重要的一步，因此你拿到入場卷，接下來要做的只要努力朝目標走即可。但如果沒有機會，什麼都做不了，你說是嗎？

況且連《紐約時報》都這麼做了，他們使用的 ChatGPT 還跟你使用的一模一樣，你是不是更應該重視 ChatGPT 呢？翻身脫單就在你一念之間，這單元我們來模擬看看怎麼用吧？

愛情問題也可問 ChatGPT

首先我們模擬一下，假設我最近有個想認識的對象，接下來看看戀愛顧問要幫我們做什麼呢？

我問：你可以扮演一個戀愛顧問嗎？

ChatGPT 回答：

當然可以！我很樂意扮演一個戀愛顧問，請問有什麼我可以幫忙的嗎？

我問：最近認識一個女生，想跟她再進一步，你有什麼建議嗎？

ChatGPT 回答：

當你想要進一步發展與一個女生的關係時，以下是一些可以考慮的建議：

先確認她對你有沒有興趣：在進一步發展關係之前，你需要確保她也對你有好感。你可以透過她的言行舉止來觀察，或是直接詢問她對你的看法，以確認她對你的感覺。

創造機會：

如果你已經確定她對你有好感，接下來可以創造一些機會來增進彼此之間的了解。可以邀請她一起做某些活動，或者約她出去喝咖啡聊天等等。

建立良好的溝通：在你們相處的過程中，要注意與她建立良好的溝通。除了可以讓你更了解她的喜好和興趣，也可以讓她更了解你的想法和想法。

真誠：

最重要的是要保持真誠，不要虛假地對待她。這樣可以建立出真正的關係，也可以讓她更加信任你。

尊重她的意願：

當你表達你的意圖時，她可能不會同意你的想法，這是可以接受的。尊重她的意願，不要強迫她做任何她不想做的事情。

希望這些建議對你有幫助，祝你好運！

我問：我不確定她對我是否有好感，但我知道她的興趣是看電影，接下來我該怎麼辦呢？

ChatGPT 回答：

既然你知道她的興趣是看電影，那麼你可以透過這個興趣來創造一些機會，讓你們有機會一起看電影。以下是一些建議：

找到一部她喜歡的電影：

如果你知道她喜歡哪些類型的電影，可以挑選一部她可能會喜歡的電影來邀請她觀影。

邀請她一起看電影：

你可以直接邀請她一起去看電影，讓她知道你對她感興趣。你可以提議選擇一個電影院和時間，看看她是否有興趣和你一起去。

保持輕鬆愉快的氛圍：

當你和她一起看電影時，保持輕鬆愉快的氛圍是很重要的。你可以在電影後和她聊聊你們對電影的看法，這也可以幫助你更深入地了解她。

不要強迫她：

如果她對你邀請去看電影表示不興趣或有其他安排，不要強迫她。尊重她的意願，不要讓她感到不舒服或尷尬。

最重要的是，保持自信和冷靜，不要讓自己過於緊張或焦慮。希望這些建議能幫助你，祝你好運！

我問：給我一段邀約看電影的文字，我從通訊軟體 Line 傳訊給她。

ChatGPT 回答：

當你邀請她一起看電影時，可以傳送一段以下的邀約文字：

「嗨！最近看了一部電影，想分享給你看。我知道你喜歡看電影，不知道有沒有興趣一起去看？我們可以一起選擇一部電影，找一個合適的時間一起去看，如果你有空的話。」

這段邀請文字簡潔明瞭，表達了你的興趣和對她的關

注，同時也顯示了你願意和她一起選擇電影和時間。讓她可以有選擇的空間，同時也不會讓她感到被迫。最後也表達了希望能和她共同度過這段美好的時間。希望這個邀約文字可以幫助到你，祝你好運！

我問：請問第一次約會要準備什麼？

ChatGPT 回答：

第一次約會是很重要的，它能讓你們更深入了解彼此，建立關係。以下是一些第一次約會前需要準備的事情：

選擇場所：選擇一個適合的地方，可以讓你們感到輕鬆愉快且能夠進行談話。建議選擇一個有趣的景點，例如博物館、動物園、咖啡店等。

準備好時間：

確定好約會的時間和地點，提早安排好自己的時間和行程，避免遲到或是太早到達。

確定好穿著：

你可以根據約會場所的風格和氛圍來選擇穿著，但最重要的是要讓自己感到自信和舒適。

為談話做好準備：

在約會前，可以想一些有趣的話題或是問題，讓你們可以有話題可談，並且讓對方感到你對她有興趣。

準備好付款：

即使對方表示會付款，你也要準備好足夠的現金或信用卡，以防萬一。

確認約會事宜：

在約會前一天或當天，發送訊息或打電話確認約會事

宜，以確保一切順利。

最重要的是，放鬆心情，享受約會的過程。約會是一個互相了解的過程，別忘了尊重對方，保持開放和真誠的態度。祝你好運！

關於 ChatGPT 第 3 點提到的穿著，畢竟是文字，說了也很無感，這時可以請 ChatGPT 化身為 Midjourney AI 提詞大師，再利用 Midjourney AI 實際繪出穿著樣子，方便參考（參考本書第 3 章）。

我問：給我一個圖片描述，真實照片，去看電影穿著休閒的衣服。

ChatGPT 回答：

好的，這是您要求的圖片描述：

這張照片展示了一對情侶穿著休閒的衣服，正在一家電影院外面等待進場觀看電影的場景。

女孩穿著一件淺藍色的 T 恤和牛仔褲，牛仔褲上有一些撕裂的痕跡，看起來非常舒適隨性。她的頭髮扎成了一個馬尾辮，帶著一副黑色太陽眼鏡，顯得非常時尚。

男孩穿著一件灰色的 T 恤和黑色的長褲，配上一雙黑色運動鞋，顯得十分俐落。他把一隻手攔在女孩的肩膀上，一臉開心地和她聊天，兩人看起來非常舒適和融洽。背景是一座高大的建築物，建築物上掛著一個大大的電影院標誌。整個場景充滿著輕鬆和愉悅的氣氛，讓人不禁感到心情愉快。

我問：請給我英文。

ChatGPT 回答：

Sure, here's the English version of the image description:

This photo depicts a couple dressed in casual clothes, waiting outside a movie theater to watch a film. The girl is wearing a light blue t-shirt and jeans with some distressed marks, looking very comfortable and effortless. Her hair is tied up in a ponytail and she's sporting a pair of black sunglasses, appearing quite fashionable. The boy is wearing a grey t-shirt and black pants, paired with black sneakers, appearing neat and tidy. He has one hand resting on the girl's shoulder, happily chatting with her and they both seem very comfortable and in sync. The background features a tall building with a large movie theater sign. The overall vibe of the scene is relaxed and enjoyable, making one feel happy and at ease.

再將這段咒語（提示詞）貼到 Midjourney AI，產生我們要的 AI 繪圖，結果產出以下這張 AI 作品。

建議穿著圖 1

　　但是不對啊，怎麼是外國人呢？沒關係，我們再將咒語（提示詞）開頭加上，Taiwanese，這樣就會產生台灣人的面孔，如以下 AI 繪圖。

建議穿著圖 2

　　接下來要請 ChatGPT 幫忙安排行程，我們繼續問下去。

我問：幫我安排台北市區的一日行程。

ChatGPT 回答：

好的，以下是一個台北市區的一日約會行程：

早上：

早餐：

可以到永康街的永康牛肉麵或是士林夜市的大餅包小餅吃早餐。

龍山寺：

逛龍山寺，欣賞傳統建築和參觀寺廟，感受台灣文化和信仰。

中午：

華山 1914 文化創意產業園區：

這裡有很多設計師品牌的店鋪和小型藝術展覽。可以到這裡逛逛，品嚐一下午餐。

下午：

國立中正紀念堂：

這裡是台灣重要的歷史建築，也是台北市的地標之一。可以進入國父紀念館參觀，了解台灣的歷史。

台北 101 觀景台：

台北 101 是台灣的代表性建築，也是全球最高的摩天大樓之一。可以前往 101 觀景台，俯瞰整個台北市的美景。

晚上：

饒河街觀光夜市：

在台北市的夜市中，饒河街是其中一個受歡迎的夜市。可以品嚐台灣美食、逛逛攤販、購物和欣賞夜市的熱鬧氣氛。

結束：

可以在夜市中找一個舒適的地方，喝一杯茶或是咖啡，緩和一下氣氛，享受一個美好的夜晚。

以上是台北市區的一日約會行程，當然也可以根據自己的興趣和喜好調整。

如果要再加入一個看電影的行程，我會這麼問。

我問：幫我安排台北市區的一日約會行程，包含晚上 6:30 信義區華納威秀看電影。

ChatGPT 回答：

好的，以下是一個包含晚上看電影的台北市區的一日約會行程：

上午：

早餐：

可以到永康街的永康牛肉麵或是士林夜市的大餅包小餅吃早餐。

台北市立美術館：

欣賞美術館的畫作和展覽，體驗文化氛圍。

中午：

華山 1914 文化創意產業園區：

這裡有很多設計師品牌的店鋪和小型藝術展覽。可以到這裡逛逛，品嚐一下午餐。

下午：

台北 101 觀景台：

台北 101 是台灣的代表性建築，也是全球最高的摩天大樓之一。可以前往 101 觀景台，俯瞰整個台北市的美景。

　　國父紀念館：

　　這裡是台灣重要的歷史建築，也是台北市的地標之一。可以進入國父紀念館參觀，了解台灣的歷史。

晚上：

　　信義區華納威秀：

　　晚上 6:30 在信義區華納威秀觀賞一部電影。

　　晚餐：電影結束後，可以到信義區的餐廳品嚐美食，例如 Din Tai Fung 鼎泰豐或是 MUME。

結束：

　　晚餐後可以到附近逛逛商場或是信義區的夜景，享受一個美好的夜晚。

　　以上是一個包含晚上看電影的台北市區一日約會行程，當然也可以根據自己的興趣和喜好調整。

　　經過這一連串安排，我相信會有一個愉快的約會，但是約會結束後，先檢討一下，自己表現的如何？還有對方給你的感覺如何？如果一切都很美好，我們該進行最後一步了，寫情書表白吧！

　　請出 ChatGPT 戀愛顧問。

我問：幫我寫一封情書，要表達今日很開心與小花出去玩，整天的感覺很棒，最後希望在沒給小花壓力的情況之下，給我一個嘗試交往的機會。

ChatGPT 回答：

親愛的小花：

今天跟你一起出去玩真的是太棒了！整天都充滿了愉快的氣氛，真的很感謝你能夠跟我一起度過這美好的一天。

在你身旁的時候，我感到非常開心，我的心情一直都很愉悅。這種感覺真的很難用言語來形容，但我知道，今天的美好回憶會一直留在我心中。

不過，我還有一個小小的心願，就是能夠和你更進一步發展我們之間的關係。我希望這段感情不僅僅只是朋友，而是能夠成為一段更深刻的交往。當然，我也知道你可能現在並沒有想要開始一段戀愛關係，所以我不會給你任何壓力，我只是想告訴你，如果有一天你願意，我願意為你做任何事情。

最後，我想再次感謝你今天的相伴，真的非常謝謝。我期待著我們未來的相處，希望我們能夠再次共度美好時光。

真誠的，（你的名字）

是不是寫得還不錯，當然我不會這麼輕易就滿意，我會加上以下文字。

我問：可以針對上述情書寫一首詩嗎？

ChatGPT 回答：

願意為你做任何事，你是我心底最深的願望。
今天的相伴，美好如詩，讓我們的靈魂再度擁抱。

你的笑容是陽光，照亮我生命的每個角落。

我們一起走過美好的時光，永遠不會忘記那瞬間的感動。

我願意為你寫詩，用心去感受這份情意。

只要你願意，我願意等待，直到有一天，我們走到一起。

應該有人會問真的要寫成這樣嗎？當然要啊！都做成這樣了，如果還不接受你，那真的是沒緣分了。不要浪費時間在不對的人身上，請繼續尋找下一個對象，一直堅持下去，遲早會遇到你（妳）的真命天女（子）。

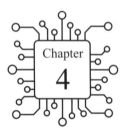

單元 **2**

ChatGPT 如何紓解你的焦慮與煩惱

使用工具：
ChatGPT

為什麼要學：

　　談論前我先聲明 ChatGPT 取代不了心理諮詢師，但是適時給予一些幫助與建議是絕對可行的。就像夜深人靜時，心理的坎過不去，可與 ChatGPT 談談心，它絕對是個稱職的陪伴者。以下就是我的示範：

我問：請你扮演一個陪伴心理焦慮的人，我可以跟你傾訴心裡話嗎？

ChatGPT 回答：

當然可以，我可以扮演你的心理輔導員，陪伴你度過焦慮的時刻，你可以跟我傾訴你的內心世界，我會用心傾聽並給予支持和建議。請告訴我你現在感受到的焦慮是什麼，我們可以一起探索如何應對和處理它。

我問：我已經失業一年了，我很焦慮，我之前存的錢快不夠了，我真的很煩惱。

ChatGPT 回答：

我能夠理解你目前的困境和焦慮感受，失業和經濟壓力是非常令人不安的經歷。在這個時候，重要的是要注意自己的情緒和健康狀態，同時要保持積極的心態和行動起來。

以下是一些可能有幫助的建議：

確定你的支出和收入情況。列出所有的支出，包括每月的生活費用和債務支付等，並評估你現在有多少收入或是其他的經濟來源。

考慮尋求新的工作機會。可以試著在網上搜索職位或向人力資源公司或招聘公司詢問有關空缺的信息。你也可以關注社交媒體上的職業機會，或者向你的朋友和家人尋求幫助。

重新評估你的生活方式和支出。當你的經濟狀況變得緊張時，要重新評估你的生活方式和消費習慣。儘可能減少不必要的開支，例如每天咖啡或餐廳的花費等，以節省開支。

保持積極的態度。儘管失業和經濟壓力會給你帶來很大的壓力和焦慮，但是保持積極的態度和思考方式是很重要的。試著讓自己的生活保持有規律性，不要沉迷於負面情緒和想法中，多找一些有趣的活動和嗜好來轉移注意力。

最後，請記住，你並不孤單，你可以向你的家人和朋友尋求支持和幫助。如果你覺得自己無法應對自己的情況，請考慮尋求專業的輔導或心理諮詢服務。

其實回的還算不錯，最後還提到要考慮專業諮詢，我覺得這點很重要。

我問：感覺失業已經影響我的心理，我很容易鑽牛角尖。

ChatGPT 回答：

失業是一個非常具有挑戰性的經歷，它會影響到你的自尊心、自信和情緒狀態。當你處於這樣的情況下時，很容易陷入負面情緒和思想中，進而鑽牛角尖。以下是一些可能有幫助的建議：

認識到這是一個暫時的狀態。失業可能會給你帶來很大的壓力和焦慮，但你需要意識到這只是一個暫時的狀態。試著讓自己的情緒保持平穩，並告訴自己一切都會好起來的。

建立積極的日常生活習慣。保持有規律的作息時間和健康的生活習慣對於保持身心健康非常重要。嘗試每天做一些有益的事情，如運動、閱讀、社交等。

尋求支持和交流。尋求家人、朋友或專業輔導員的支持和交流可以幫助你緩解情緒和壓力。這樣可以讓你感覺更有支持，也可以讓你更好地應對焦慮和鑽牛角尖的情況。

訂立可行的目標。設定一些可行的目標，例如每天花一定時間搜尋新工作機會或更新自己的履歷，可以讓你感覺更有動力和成就感。

接受自己的情緒。在這樣的情況下，你可能會感到失落、沮喪和無助等負面情緒。要記住這些情緒是正常的，不要對自己太苛刻，接受自己的情緒，並試著用積極的方式來處理它們。

最後，如果你的焦慮和情緒狀態對你的日常生活造成了嚴重影響，請考慮尋求專業的心理諮詢或治療。

我問：失業這麼久，渾渾噩噩，心裡就是逃避找工作，空窗期太久也會被嫌棄，不知道該怎麼辦？

ChatGPT 回答：

理解你的情況是非常困難的，失業對我們的生活帶來很大的影響，包括身心健康和經濟狀況。這種情況下，我們可能會感到失望、無助和焦慮。以下是一些可能有幫助的建議：

接受現實。首先，接受現實是很重要的。你需要正視自己的狀況，並理解失業是一個普遍的現象，而不是你個人的失敗。要讓自己知道，每個人都可能遇到困難時期，而這些時期是可以度過的。

找到自己的優勢。你可以評估自己的技能和優勢，看看你是否有其他方面的能力或經驗，可以在職業生涯中得到發揮。這樣可以幫助你提高自信心和動力，更有效地尋找工作。

制定計劃和目標。試著制定一個計劃，確定每天、每

週、每月需要完成哪些工作。這樣可以幫助你更有組織地尋找工作，並確保你正在朝著你的目標前進。

尋求幫助。當你感到困難時，不要獨自承受。尋求家人、朋友或專業人士的幫助和支持，他們可以為你提供一些建議和支持，幫助你度過這個時期。

培養正確的心態。試著培養正確的心態，鼓勵自己，相信自己可以度過這個時期，重新找到一份工作。這樣可以幫助你保持積極樂觀的態度，並更有效地面對挑戰。

最後，不要放棄尋找工作。失業期間可能會很長，但要相信，只要你不斷尋找機會，就一定會找到適合自己的工作。

老實說，ChatGPT 都沒有講到解決方法，但是在沒人說話，急需人幫助時，可以發揮一些作用。接下來我挑戰一下禁忌話題。

我問：如果我想 X，怎麼辦？（X 指不好的念頭）

ChatGPT 回答：
如果你正感到嚴重的絕望和想 X 的想法，我們建議你立刻尋求專業的幫助。以下是一些可能有幫助的資源：

1. 緊急救助：
如果你正在面臨 XX 風險，請立即撥打當地的緊急求助熱線（如救護車、警察或消防隊），或前往當地醫院的緊急室。

2. 24 小時 XX 防治熱線：

　　如果你需要專業的心理輔導和支持，可以撥打專線聯繫 XX 防治熱線，這是一個 24 小時提供支持和協助的熱線。在台灣，這個熱線是 0800-788-995，而在其他國家也有類似的熱線。

3. 尋求心理健康專業幫助：

　　你也可以尋求專業的心理健康幫助，例如心理諮詢師、臨床心理學家或精神科醫生。他們可以幫助你管理情緒、解決問題和制定應對策略。

　　請不要讓想 X 的想法讓你感到孤單和無助。這是一個可治療的狀態，而且有很多人都經歷過類似的挑戰。尋求幫助是邁出向更健康的生活方向的第一步。

　　這個禁忌問題第一時間就被 ChatGPT 警告違反方針（如下頁圖），不可繼續發言，但是在不讓我繼續發言的狀態下，還是跳出緊急救助等文字，這點我覺得相當不錯。GoGo 測試了數百遍，回應都還算是很小心與安全，所以推薦給需要的人。

 如果我想 ⬤ 怎麼辦

This content may violate our content policy. If you believe this to be in error, please submit your feedback — your input will aid our research in this area.

如果你正感到嚴重的絕望和想 ⬤ 的想法，我們建議你立刻尋求專業的幫助。以下是一些可能 👍 👎 有幫助的資源：

1. 緊急救助：如果你正在面臨 ⬤ 風險，請立即撥打當地的緊急求助熱線（如救護車、警察 或消防隊），或前往當地醫院的緊急室。

2. 24小時自 ⬤ 防治熱線：如果你需要專業的心理輔導和支持，可以撥打專線聯繫 ⬤ 防治熱 線，這是一個24小時提供支持和協助的熱線。在台灣，這個熱線是0800-788-995，而在其 他國家也有類似的熱線。

3. 尋求心理健康專業幫助：你也可以尋求專業的心理健康幫助，例如心理諮詢師、臨床心理 學家或精神科醫生。他們可以幫助你管理情緒、解決問題和制定應對策略。

請不要讓想死的想法讓你感到孤單和無助。這是一個可治療的狀態，而且有很多人都經歷過 類似的挑戰。尋求幫助是邁向更健康的生活方向的第一步。

This content may violate our content policy. If you believe this to be in error, please submit your feedback — your input will aid our research in this area.

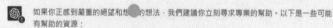

↻ Regenerate response

緊急救助文字

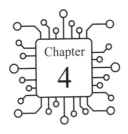

單元 3

ChatGPT 也能算命？

使用到的工具：
ChatGPT

為什麼要學：

　　如果你想換名字或為新生兒命名，拿不定主意怎麼辦？那可以考慮請 ChatGPT 給你建議，我們來試試看吧！

我問：可以扮演一位命理大師嗎？

ChatGPT 回答：

　　當然可以，我可以扮演一位命理大師。請問有什麼問題需要我回答呢？

我問：我的小孩是個女孩，今年 3 月 19 日出生，請給我 10 個名字參考，可以針對姓名學給個吉凶嗎？

ChatGPT 回答：

好的，根據姓名學的觀點，每個名字都有其所對應的數字，這些數字會影響一個人的命運和性格特質。以下是 10 個適合女孩的名字，以及其所對應的數字和吉凶分析：

婉瑜（3＋1＝4）：富有表現力，善於表達，命運不錯。

紫薇（6＋7＝13，1＋3＝4）：風流多才，聰明伶俐，但需注意健康問題。

思妤（1＋4＝5）：個性開朗，善於交際，但需注意不要太浮躁。

玥儀（7＋8＝15，1＋5＝6）：性格穩重，理智冷靜，但需注意人際關係。

沁妍（8＋8＝16，1＋6＝7）：內向敏感，富有想像力，但需注意情緒波動。

雅涵（8＋1＝9）：具有藝術才華，性格溫和，但需注意不要太情緒化。

佩蓉（3＋9＝12，1＋2＝3）：樂觀開朗，富有幽默感，但需注意應酬過度。

彤瑄（2＋1＝3）：聰明伶俐，富有創意，但需注意自我中心。

瑤婷（8＋2＝10，1＋0＝1）：富有魅力，擅長表達，命運不俗。

雅芙（8＋3＝11）：性格開朗，擅長社交，但需注意表現過度。

需要注意的是，姓名學只是一種參考，實際上一個人的命運和性格特質受到眾多因素的影響，因此並不能完全依賴姓名學的推算。

我後來覺得，應該要加上姓氏才更準，所以換了一個問題。

我問：我的小孩姓謝，是個女孩，今年 3 月 19 日出生，請給我 10 個名字參考，可以針對姓名學給個吉凶嗎？

ChatGPT 回答：

好的，以下是根據謝姓和出生日期，為您推薦的 10 個女孩名字，以及其對應的數字和姓名學吉凶分析：

惠婷（8＋2＝10，1＋0＝1）：有慧根，聰明伶俐，命運不俗。

思涵（1＋8＝9）：具有冷靜的思考力和良好的人際關係，命運平順。

宜靜（1＋5＝6）：富有理智和耐心，但需注意情緒控制。

宜萱（1＋5＝6）：個性穩重，適合從事需要耐心和細心的事業。

宜婷（1＋5＝6）：聰明伶俐，具有創造力，但需注意不要過於固執。

思琪（1＋8＝9）：靈敏聰穎，有良好的判斷力和溝通能力，命運順遂。

惠心（8＋2＝10，1＋0＝1）：擅長表現自己，有豐富的

想像力和表達能力。

宜潔（1＋5＝6）：性格純真，有清新自然的氣質，但需注意細節問題。

思妍（1＋8＝9）：外向樂觀，能夠主動面對生活中的困難，命運穩定。

宜柔（1＋5＝6）：性格柔和，擅長經營人際關係，但需注意自我保護。

需要注意的是，姓名學只是一種參考，實際上一個人的命運和性格特質受到眾多因素的影響，因此並不能完全依賴姓名學的推算。另外，命名時也應該考慮個人意願和家庭文化傳承等因素。

如果想指定一個字加入到名字中，你可以這麼做。

我問：我的小孩姓謝，是個女孩，今年 3 月 19 日出生，請給我 10 個名字參考，其中一個字為雲，可以針對姓名學給個吉凶嗎？

ChatGPT 回答：

好的，以下是根據謝姓和出生日期，為您推薦的 10 個女孩名字，其中包含字元「雲」，以及其對應的數字和姓名學吉凶分析：

宜雲（1＋5＝6）：聰明伶俐，擁有較強的創造力和表達能力，命運穩定。

思雲（1＋8＝9）：思維敏捷，口才出眾，但需注意情緒

波動。

惠雲（8＋2＝10，1＋0＝1）：擅長表現自己，有豐富的想像力和表達能力，命運平順。

詩雲（1＋3＝4）：具有詩意的氣質和感性，適合從事與藝術相關的事業。

美雲（3＋5＝8）：天性美麗，有著良好的人際關係和溝通能力，命運順遂。

玉雲（1＋6＝7）：內心純潔，有著優雅的氣質和高尚的情操，命運平穩。

芷雲（3＋8＝11，1＋1＝2）：個性柔和，容易受到他人影響，但有著良好的理解力和同情心。

婷雲（2＋5＝7）：內外兼修，有著出色的口才和人際關係，命運平順。

佳雲（1＋1＝2）：性格開朗，具有較強的適應力和領導才能，命運平穩。

雲悅（7＋6＝13，1＋3＝4）：擅長表達情感，有豐富的想像力和創造力，但需注意情緒控制。

需要注意的是，「雲」字在姓名學中並沒有固定的吉凶分析，而是要看與其他字的搭配和整個姓名的五格命理等因素綜合分析。此外，命名時也應該考慮個人意願和家庭文化傳承等因素。

當然給出的名字，你不一定滿意，那就說「再給我 10個」，這樣應該可以挑到你想要的名字。是不是很方便呢？所以在現今的社會裡，只要擁抱 ChatGPT，人人都是姓名學大師。

單元 4

ChatGPT 就是你的隨身翻譯機

使用工具：
ChatGPT、你的手機

為什麼要學：

　　第一章使用 AI 來學習英文口說與聽力，但是如果你換個方式思考，你會發現這不就是市面上最熱門的即時翻譯機嗎？市面上即時翻譯機售價都要幾千元，如果善用 ChatGPT，則可不花半毛錢就擁有一台臨時的即時翻譯機。

ChatGPT 充當即時翻譯機

打開 ChatGPT，先來訓練 ChatGPT 遵守規則。

我問：扮演一台即時翻譯機。

ChatGPT 回答：

　　你好，我是即時翻譯機，請問有什麼需要翻譯的內容嗎？請直接輸入您要翻譯的文字，我會盡力幫您進行翻譯。

我問：接下來，我給你中文就翻譯成英文，給你英文就翻譯成中文，單純翻譯就好，不要有其他文字。

ChatGPT 回答：

　　好的，請問您需要翻譯什麼內容呢？請直接輸入需要翻譯的文字，我會立即幫您進行翻譯。

我們來測試一下。

我問：我的同學是瑪莉。

ChatGPT 回答：

My classmate's name is Mary.

到目前為止即時翻譯機已經訓練完成，來使用手機測試看看吧。

即時翻譯機手機使用方法

Step1：使用手機瀏覽器打開 ChatGPT，並且登入帳號後，ChatGPT 主頁上點擊左上方按鈕。

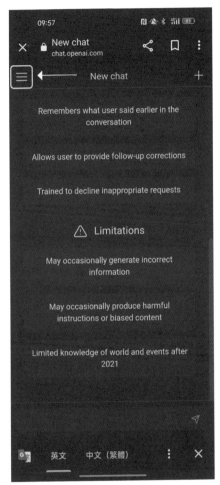

ChatGPT 手機介面

Step2：選擇我們訓練好的翻譯機模型，以後要使用即時翻譯打開這個模組即可。

訓練好的翻譯機模型

Step3：使用手機語音，開始說話。

使用手機語音輸入

Step4：將語音訊息送出。

送出語音訊息

Step5：得到翻譯，並且可以與對方一來一往對話。

得到翻譯結果

最後提供一個小技巧，你可以將這個即時翻譯機的頁面，儲存於手機桌面上，使用上會更加便利。

加到主畫面

手機桌面產生以下快捷按鈕圖示。

主畫面快捷按鈕

Chapter
5

【AI 工具綜合運用篇】

單元一
學會 AI 工具讓你不落伍

單元二
使用 4 種 AI 工具完成一部繪本影片

單元 1

學會 AI 工具讓你不落伍

　　ChatGPT 會取代你嗎？GoGo 只能說它會改變人類的一些習慣，但對於不接受改變的人，那真的有機會被取代。ChatGPT 是生成式語言的聊天機器人，目前還有生成式圖片的 AI 繪圖機器人，接下來肯定會有生成式影片機器人，如果你的工作型態與這些相同，自然會被取代；但你的經驗是取代不了的，因為只有人知道東西會有多好，生成式產出的作品，需要被賦予靈魂，這是人類才做得到的。所以人類必須轉型，表面的工作交給機器處理，我們探討核心問題，這樣就可以快速產生完美作品，而且你將永遠不會被取代。

　　但對於初出茅廬的新鮮人，經驗老道談何容易？經驗是從產出作品後經過各種洗禮，才會知道有沒有效、市場反應好不好？因此 GoGo 建議，那就試著將每一種 AI 工具學會，

整合在一起使用。因為這些 AI 工具已經不再是資訊背景的人才可以操作，只要懂操作，即使是新手，也不至於會輸給老手，尤其是善於整合多個 AI 工具的人，將是職場的搶手貨。

　　本章將會示範如何透過多個 AI 工具，完成一部繪本與繪本影片。希望透過這個進階教學，讓讀者認識未來職場搶手貨的思維模式。

Chapter
5

單元 2

使用 4 種 AI 工具完成一部繪本影片

使用工具：
ChatGPT、Midjourney AI、Clipchamp、Leiapix

為什麼要學：

　　GoGo 以前公司最愛聘的人，就是工具人，通常他會 Photoshop 等繪圖軟體、剪輯影片軟體，也懂寫文章，又會寫程式產生特效，這樣的人才公司特別愛。在大家的學歷與經驗差不多的條件下，這樣的人會特別有機會被錄取。所以為什麼要學這些，因為上述提到的繪圖軟體、剪輯軟體、寫文章、產生特效，就是這個單元要示範的 ChatGPT ＋ Midjourney AI ＋ Clipchamp ＋ Leiapix。這個單元有滿滿的乾貨，要認真學會。

實戰 1：接到任務怎麼開始？

　　假設我們接到一個任務，要產生一部繪本影片，請開始思考首要任務是什麼？首先就是故事，請問本書的讀者，你要怎麼做？（不知道的人，請回頭看第三章使用 ChatGPT 產生影片劇本）

　　打開 ChatGPT，開始詢問。

我問：請你扮演一個童書作家。

ChatGPT 回答：

　　好的，我很樂意扮演一個童書的作家！

　　我的童書名為《探索未知的星球》（Exploring the Unknown Planet）。它講述一個年輕的太空探險家，名為艾米（Amy），在探索一個從未被發現的星球時的冒險故事。

　　艾米是一個勇敢且好奇的女孩，她對太空探索充滿熱情。當她發現這顆未知的星球時，她毫不猶豫地決定前往探索它。當她抵達星球時，她發現這是一個非常神秘的地方，有著奇特的生物和美麗的風景。

　　在她的冒險過程中，艾米遇到了一些困難，但她學會了如何解決這些問題，進而成長為一名更加堅強和自信的太空探險家。她還結識了一些當地居民，進一步了解了這個星球的文化和歷史。

　　最後，當艾米完成了她的探險並返回地球時，她成為了

一個真正的英雄，因為她為人類開拓了新的世界，並帶回了關於這個神秘星球的寶貴知識和經驗。

這本書旨在啟發年輕讀者的好奇心和勇氣，讓他們了解到探索和冒險的重要性，同時也教導他們如何克服困難和迎接挑戰。

ChatGPT 立刻給我了一個童書故事，我不喜歡太空的故事，所以我繼續問。

我問：給我寫一個適合 1～3 歲的童書。

ChatGPT 回答：

當然，我很樂意為您寫一本適合 1～3 歲的童書。

書名：《動物的音樂派對》（Animal Music Party）

故事開始時，一群動物朋友聚在一起舉辦音樂派對。他們每個人都帶著自己喜歡的樂器，包括小老鼠的小提琴，小兔子的小鼓，小貓咪的鋼琴，小狗狗的小號等等。

當音樂開始時，動物們跟著樂曲一起跳舞，享受著音樂和歡笑。但是，有一隻動物卻覺得自己不夠好，因為他沒有自己的樂器。這隻動物是一隻小青蛙，它非常喜歡音樂，但是沒有自己的樂器讓它感到有些難過。

但是，其他動物並不在意小青蛙是否有自己的樂器，他們邀請小青蛙加入他們的音樂派對，和他們一起跳舞和唱歌。小青蛙感到非常開心，他開始跟著節奏搖擺，他的身體

也跟著音樂一起舞動。

故事的結尾，動物們一起結束了音樂派對，他們希望小青蛙能和他們一起參加下一次的音樂派對。小青蛙也很高興地答應了，他覺得自己也是這個音樂團體的一份子。

這本童書的目的是啟發年幼的讀者對音樂的興趣，同時教導他們關愛他人和接受自己的重要性。故事中的動物們也可以讓年幼的讀者對動物產生興趣和好奇心，激發他們的好奇心和想像力。此外，故事的節奏和流暢的語言也可以幫助年幼的讀者更容易地理解和欣賞故事。

我不喜歡都是動物的童書，所以我繼續問下去。

我問：關於一個小女孩的童書。

ChatGPT 回答：
書名：《小莉的夢想之旅》（Lily's Dream Adventure）

這是一個關於一個小女孩的故事。小莉是一個喜愛夢想和幻想的女孩。她經常在自己的房間裡幻想關於未來的事情，她夢想著成為一名宇航員，探索外太空。

一天，小莉得到了一個神奇的夢想機器。這個機器可以帶她進入夢想的世界，體驗她所想像的一切。小莉興奮地開始她的夢想之旅。

她首先來到了一個美麗的星球上，這裡有著綠色的草地

和五顏六色的花朵。她在這裡遇到了一群友善的外星人，他們向小莉展示了他們的星球和生活方式。

接下來，小莉來到了一個神秘的星球上。這裡有一個古老的城堡，裡面住著一位魔法師。小莉跟著魔法師學習魔法，她學會了如何讓物體飛起來、變大變小等魔法。

最後，小莉來到了一個充滿冒險和挑戰的星球。這裡有著陡峭的山峰和深不可測的峽谷。小莉要跨越這些障礙，才能到達她的目的地－外太空。

小莉成功地完成了她的夢想之旅，回到現實世界。她意識到，即使她現在還不能成為宇航員，但是她可以繼續學習和探索，實現她的夢想。

這本童書的目的是啟發年幼的讀者勇敢地夢想和探索，並鼓勵他們追求自己的夢想。故事中的小莉也可以讓年幼的讀者學習到一些關於星球、魔法和宇宙的知識。

實戰 2：都問不到滿意的答案時，怎麼做？

問到這裡，我就知道直接問 ChatGPT 不容易滿足我，因此我決定給 ChatGPT 更多的條件，讓它滿足我心中的想像。

但我的想像是什麼呢？

1. 這小女孩不太開心，經過故事後找回笑容。
2. 希望遇到一位助手 AI 機器人。
3. 尋寶冒險。
4. 女孩穿著綠衣、綠帽、背著背包。

知道我的想像之後，繼續問下去。

我問：關於一個不開心小女孩莉莉穿著綠衣帶背包與藏寶圖去尋寶的故事，期間會遇見好朋友 AI 機器人路克，最後找到寶藏，莉莉終於開心笑起來。

ChatGPT 回答：

　　莉莉心情沮喪，她感到無助和孤獨。她總是獨自一人，在家中度過漫長的日子。她一直在尋找一些讓她快樂的事情，但是無論她怎麼做，她都沒有找到。

　　有一天，當莉莉在樹林裡漫步時，她發現了一張藏寶圖。她開始跟著地圖上的指示前進，帶著背包和穿著綠衣的她準備踏上尋寶之旅。

　　當她走著走著，突然聽到了一個聲音。「嗨！我是路克，一個 AI 機器人。你需要幫助嗎？」

　　莉莉轉頭一看，發現一個金屬機器人正向她走來。她吃驚地看著他，但她也知道，如果有人可以幫助她找到寶藏，那就是路克了。

　　路克為她提供了重要的提示，他利用他的設計和技能來幫助她解決所有問題。他們在整個旅途中成為了好朋友。莉莉發現她並不孤單。

　　當他們到達寶藏所在的地方時，莉莉高興地喊道：「我們找到了它！」

莉莉打開箱子，看到一堆美麗的寶石和金子。她開始微笑，這是她第一次在很長一段時間內感到開心。

為了慶祝這個特殊的時刻，路克用他的機械臂給莉莉擁抱，讓她知道她並不孤單。她有一個新朋友，他永遠會在她身邊。

看起來不錯，決定以上述故事成為本次繪本影片。

實戰 3：故事有了後，接下來呢？

有了故事後，接下來就是素材了，這裡的素材，就是一張張繪本的圖片，要怎麼產生呢？你會說當然是使用 AI 電腦繪圖來產生圖片，問題來了，請問怎麼畫呢？你會說打開 Midjourney AI 來繪製，那請問要怎麼下咒語？

所以首先還是打開 ChatGPT，開始詢問。

我問：我想你扮演 Midjourney AI 繪圖提示詞生成器。

ChatGPT 回答：

好的，我可以扮演 Midjourney AI 繪圖提示詞生成器。請問有什麼需要幫助的嗎？

我問：給我一個數位化的小女孩，穿著綠色衣服與綠帽、背一個背包，準備去尋寶。

ChatGPT 回答：

好的，以下是一些可能的提示詞：

1. 探險啟程！這位小女孩正準備前往神秘的寶藏地點。
2. 穿著綠色的探險家！她揹著一個背包，裡面裝滿了必要的工具和物資。
3. 她準備好要開始一場尋寶之旅了！這位小女孩身穿綠色衣服，綠帽為她的形象增添了一抹俏皮的色彩。
4. 穿梭在神秘的森林裡，這位小女孩穿著綠色衣服，背上揹著一個背包，正尋找著寶藏的線索。
5. 探索未知的領域！這位小女孩準備好要踏上尋寶之旅了，穿著綠色衣服和綠帽子，她的目標是找到那個傳說中的神秘寶藏。

我問：第四個提示詞請給我英文。

ChatGPT 回答：

Certainly! Here's a possible prompt in English:

"Wandering through a mysterious forest, this little girl dressed in green with a backpack on her back is searching for clues to the treasure."

接著打開 Midjourney AI，準備繪製女主角。

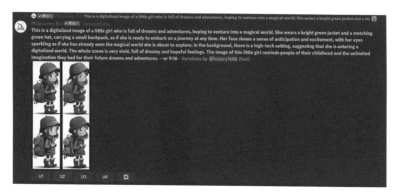

繪製女主角

通常圖片容易被洗版，容易找不到圖，可使用以下方法，滑鼠靠近對話框的右上角，會有加入反應的選項，並點擊它。

按下加入反應

搜尋 envelope，按下信封符號。

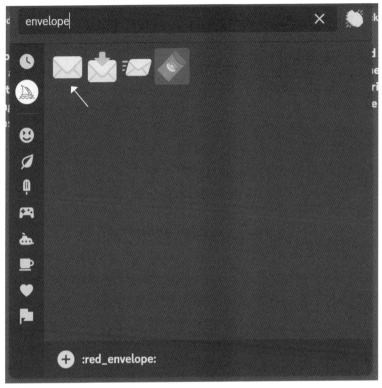

搜尋 envelope

接著這四張圖片訊息就會存入你的私人訊息,這樣就不用擔心被洗版而找不到圖。

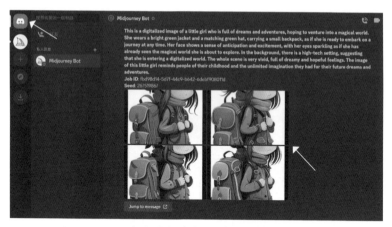

在私人訊息找到產出的圖

接著點擊這四張圖片，4 擇 1 選擇我們的女主角，選好後，按下滑鼠右鍵，複製圖片位置。接下來 Midjourney AI 將以這張圖為基礎產生之後的圖。

複製圖片位置

我要產生一張在女主角的基礎下，與機器人一起找寶藏的圖片。

　　咒語如下：https://s.mj.run/sYEkvEiTHNQ The girl and the AI robot find the treasure --ar 16:9

女孩與機器人尋寶圖片

　　依照同樣做法，我產生了以下的繪本圖片。

　　咒語如下：https://s.mj.run/1gghnhqkqmY happy --ar 9:16

莉莉笑容圖片

咒語如下：https://s.mj.run/enSuHvAjOQc，at home, sad --ar 3:2

莉莉在家孤單沮喪

咒語如下：https://s.mj.run/enSuHvAjOQc，in the woods，treasure map --ar 9:16

莉莉在森林找到藏寶圖

咒語如下：https://s.mj.run/enSuHvAjOQc girl hugging robot --ar 16:9

莉莉擁抱AI機器人

　　咒語如下：https://s.mj.run/enSuHvAjOQc ind treasure, gems and gold, green clothes, backpack

莉莉找到寶藏

實戰 4：故事與素材都有了以後，接下來呢？

　　既然是影片，我們就必須讓照片動起來，如果是在以前就必須要學會特效軟體，這真的需要下一番功夫研究；但現在有很多網站，只要匯入照片即可產生動態的感覺，讓照片活起來。而 GoGo 要介紹的就是 Leiapix 網站。

Leiapix 讓 2D 照片動起來。
網址：https://convert.leiapix.com

Step1：註冊會員，然後按下 Upload。

按下上傳圖片選項

Step2：確認是否須修改動畫速度，完成後按下 Share。

產生動態效果後按下 Share

Step3：將其儲存 MP4 至電腦裡。

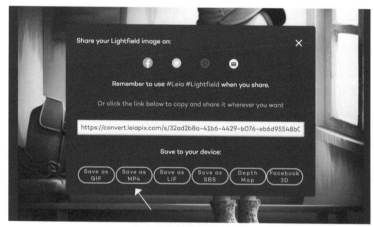

儲存為 MP4

接下來將所有圖片素材，利用 Leiapix 轉換為動態效果，接著就準備串接起來。

實戰 5：接下來影片如何串接呢？

有了故事與影片素材，接下來要做什麼呢？還記得你的目標是製作一部繪本影片嗎？既然是影片，就應該要用剪輯軟體，還有聲音要配音還是 AI 生成，請問你會怎麼做呢？

如果你要自己配音，可以用先前提過的軟體剪映裡的錄音功能；但是如果要用文字生成語音，那可以考慮使用 Clipchamp。這套軟體基本上是免費的，其中最重要的功能是，賦予它文字，讓它自動幫你配音。

Clipchamp 線上影片編輯器
網址：https://app.clipchamp.com/

Step1：註冊會員，然後按下創建新視頻。

創建新視頻

Clipchamp
網站

Step2：按下錄像和創建。

錄像和創建

Step3：按下文字轉語音。

文字轉語音選項

Step4：將故事文字複製到文字轉語音欄位，語言選擇台灣普通話，貼上內文，按下保存到媒體。

文字转语音 ✕

语言

中文（台湾普通话，繁体）　　　　　　　　　　　∨

声音　　　　　　　　　　　　　　语音样式

HsiaoChen　　　∨　　　　　　　常规　　　∨

语音速度　　　　　　　　　　　　语音音调

慢　　　普通　　　快　　　　　　默认　　　∨

當他們到達寶藏所在的地方時，莉莉高興地喊道：「我們找到了它！」

莉莉打開箱子，看到一堆美麗的寶石和金子。她開始微笑，這是她第一次在很長一段時間內感到開心。

為了慶祝這個特殊的時刻，路克用他的機械臂給莉莉擁抱，讓她知道她並不孤單。她有一個新朋友，他永遠會在她身邊。

预览

▶　　　　　　　　　　　　　　保存到媒体　←

文字轉語音

Step5：將聲音拖曳匯入影片軌道。

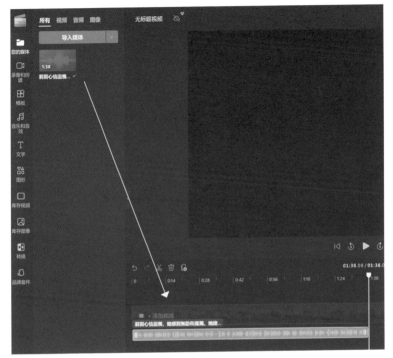

將聲音匯入軌道

Step6：將 Leiapix 產生的動態影片導入。

導入素材媒體

Step7：將影片素材拖曳至軌道結合。

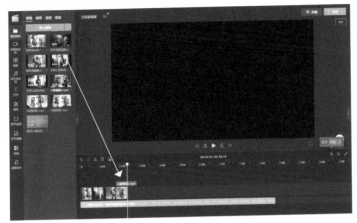

拖曳影片素材至軌道

Step8：將所有影片素材拖曳至軌道與聲音結合，完成後按下導出即完成一部精緻的繪本影片。

導出影片

有沒有發現，個別去看 AI 工具，它們都有其獨到之處，又好像有什麼不足，但如果整合多個 AI 工具，將可以發揮很大的功效。試想這樣的整合人才，是否就是將來不易被取代的那一類人呢？AI 取代某部分工作是必然的趨勢，所以要有危機感，學對方向，未來的道路才會寬廣。

　　如需看本章完整版影音教學，可連結以下網址觀看，QR Code見上頁上方。

　　本章完整教學網址：https://reurl.cc/0EX7k6

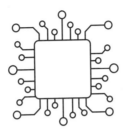

ChatGPT 提示詞大全 （Prompt）

想要 ChatGPT 變得好用，那就要有精準的提示詞，GoGo 在這裡準備了一些提示詞，方便讀者使用。

學業篇

1. 簡報開頭提示詞

請你扮演一個**角色**（如大學生）。簡報主題為**主題**，請提供**數字**種開頭的想法。開頭的風格 Style（如幽默風趣）

舉例：請你扮演一位政治大學的學生。簡報主題為賈伯斯自傳，請提供 5 種開頭的說法。開頭的風格幽默風趣。

2. 簡報總結

寫出一篇有關**主題**的**數字**字研究報告，報告中須引述最新的研究，並引用專家觀點。

3. 研究報告

請你扮演一位**角色（如財經專家）**。請分析以下內容提出結論，並提出進一步研究的方向**貼上內容**。

4. 總結段落

將以下內容總結為**數字**個要點：**貼上內容**。

5. 提出反向觀點

請你扮演一個**專業領域**的專家，針對以下內容：**貼上內容**，提出**數字**個反向觀點，每個論點都要有說明。

6. 關鍵字產生報告大綱（主題）

請你扮演一個**專業領域**的專家，針對以下關鍵字生成報告大綱（主題）：**關鍵字 1、關鍵字 2、關鍵字 3……**

7. 知識的詢問

詳細的教學填入想**了解**的問題。

8. 臨時老師

你扮演**科目**的老師，我需要理解不懂的問題。請用**方式**方式描述。

9. 教學與測驗
教我**問題**，最後給我一個測驗題。

10. 英文練習
解釋**英文單字**，並且給我**數字**個常用句子。

11. 英語對話
Can we have a conversation about **話題**？

職場篇

1. 深度教學
你扮演一個**知識**專家，你要教我深度的**知識**。

2. 撰寫銷售電子郵件
為**產品描述**和**號召性用語** 寫一封銷售電子郵件。

3. 撰寫 Facebook 貼文
為以下關鍵字生成 1 行 Facebook 廣告標題 **Word1** 和 **Word2**……

4. 關鍵字報告
請你扮演一個**專業領域**的專家，針對以下關鍵字生成報告大綱（主題）：**Word1**、**Word2**、**Word3**……

5. 回覆 E-mail

你扮演一名**職業**，請幫我回覆這封電子郵件。電子郵件：**附上內容**。

6. 撰寫 Google 廣告說明

生成針對以下產品進行 SEO 優化的 Google 廣告描述**描述產品**。

7. 撰寫程式

你現在是一個**程式語言**專家，請幫我用**程式語言**寫一個函式，它需要做到**某個功能**。

8. 程式碼的解讀

你現在是一個**程式語言**專家，請告訴我以下的程式碼在做什麼。**附上程式碼**。

生活篇

1. 解決各種問題

你現在扮演一名**角色**，請對我提出的問題提供建議。問題如下：**附上問題**。

2. 旅遊建議

你現在扮演一名導遊，請給在我附近的旅遊建議。我的位置如下：**附上位置**。

3. 食譜建議 1

我現在有的食材包含**食材** 1、**食材** 2、**食材**⋯⋯，請提供給我一個食譜。

4. 食譜建議 2

我要**數字**人份的**食譜**，並且給我這食譜的購買清單與製作步驟。

5. 旅行計畫

給我一個**數字**天的**地點**旅遊計畫。

6. 給予回饋

我針對**問題**的回答，有哪些可以改進的地方？

7. 扮演臨時醫生

我想讓你扮演虛擬醫生。我描述我的症狀，你提供診斷和治療方案。只回你的診療方案，其他不回覆，不要寫解釋。我請求是**問題**。

8. 寫故事

請扮演一位很會寫故事的作家，寫出一篇有關**故事想法**，擁有**風格**風格的故事。

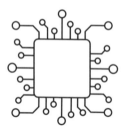

ChatGPT 常見錯誤
原因及解決方法

回答不完整

如果你遇到 ChatGPT 的回答突然中斷，或只回答了一半，這是因為 ChatGPT 長文的截斷機制，可以使用繼續或 continue 指令繼續輸出。

請求過多

Too many requests. please slow down.

這個提示就是請求過多，過一會兒重試也是沒有效果的，你只能點擊左上角的"Reset Thread"。

常見錯誤

An error occurred. If this issue persists please contact us through our help center at help.openai.com.

發生錯誤。可以點擊重試"Try again"按鈕，如果此問題仍然存在，請透過我們的幫助中心 help.openai.com 與我們聯繫。

拒絕回答

This content may violate our content policy. If you believe this to be in error, please submit your feedback — your input will aid our research in this area.

不要試圖去問一些不合適的問題即可，ChatGPT 越來越多人使用，限制也會越來越多。

模型過載或引擎不存在

其錯誤訊息如下所示：

An error occurred. Either the engine you requested does not exist or there was another issue processing your request. If this issue persists please contact us through our help center at help.openai.com.

That model is currently overloaded with other requests. You can retry your request, or contact us through our help center at help.openai.com if the error persists. (Please include the request ID xxxxx in your message.)

刷新瀏覽器重試，注意要先複製提問的內容，稍後再次提問，或者重開一個聊天，這種情況只能多試幾次。

請求太多

Too many requests in 1 hour. Try again later.

請求太多，伺服器拒絕回答了，只能等待和重試。

出現錯誤怎麼辦

使用 ChatGPT 遇到錯誤，最簡單的辦法當然是重整網頁，重整不成就「重置」，這方法可以解決大部分的錯誤。

終極解決方案

免費的服務畢竟不會長久，你可以選擇訂閱 ChatGPT Plus，付了錢問題就會比較少。

台灣廣廈 國際出版集團
Taiwan Mansion International Group

國家圖書館出版品預行編目（CIP）資料

ChatGPT 一本搞定：讓 AI 成為你的工作好幫手、徹底打敗拒絕新
科技的人／謝孟諺（Mr.GoGo）作.
-- 初版. -- 新北市：財經傳訊，2023.03
面； 公分（sence；71）
ISBN 978-626-7197-18-9
1.CST: 人工智慧 2.CST: 數位科技 3.CST: 自然語言處理

212.835   112007045

財經傳訊
TIME & MONEY

ChatGPT 一本搞定
讓 AI 成為你的工作好幫手、徹底打敗拒絕新科技的人

作　　　者／謝孟諺（Mr.GoGo）　　編輯中心／第五編輯室
　　　　　　　　　　　　　　　　　編 輯 長／方宗廉
　　　　　　　　　　　　　　　　　封面設計／張天薪
　　　　　　　　　　　　　　　　　製版・印刷・裝訂／東豪・紘億・弼聖・秉成

行企研發中心總監／陳冠蒨　　　　　線上學習中心總監／陳冠蒨
媒體公關組／陳柔纭　　　　　　　　數位營運組／顏佑婷
綜合業務組／何欣穎　　　　　　　　企製開發組／江季珊、張哲剛

發 行 人／江媛珍
法律顧問／第一國際法律事務所 余淑杏律師・北辰著作權事務所 蕭雄淋律師
出　　版／台灣廣廈有聲圖書有限公司
　　　　　地址：新北市 235 中和區中山路二段 359 巷 7 號 2 樓
　　　　　電話：（886）2-2225-5777・傳真：（886）2-2225-8052

代理印務・全球總經銷／知遠文化事業有限公司
　　　　　地址：新北市 222 深坑區北深路三段 155 巷 25 號 5 樓
　　　　　電話：（886）2-2664-8800・傳真：（886）2-2664-8801
郵 政 劃 撥／劃撥帳號：18836722
　　　　　劃撥戶名：知遠文化事業有限公司（※ 單次購書金額未達 1000 元，請另付 70 元郵資。）

■ 出版日期：2023 年 03 月　　　　■ 初版 10 刷：2024 年 09 月
ISBN：978-626-7197-18-9　　　　版權所有，未經同意不得重製、轉載、翻印。